岩波科学ライブラリー 204

連鎖する大地震

遠田晋次

岩波書店

はじめに

二〇一一年三月一一日午後二時四六分。東日本が超巨大地震に三分以上にわたって揺すぶられ、未曽有の津波災害がもたらされたその時、私は遥か南半球のニュージーランド、クライストチャーチ市にいました。約二週間前に同市を襲ったマグニチュード(M)6・1の地震の現地調査の最中でした。クライストチャーチ地震では、市中心部のCTVビルなどが崩壊し、日本人二八名を含む一八五名もの尊い命が失われました。典型的な直下型地震でした。現地入りした三月九日には市の中心部への立ち入りは禁止されていましたが、同市を東西に流れるエイボン川周辺では至る所で液状化跡が残されていました。道路や住宅の陥没・沈下も著しく、これだけの大規模な液状化を見たのは初めてでした(まさか、帰国後さらに大規模な液状化被害を浦安で目にするとは)。

実は、このクライストチャーチ地震、その前年九月に発生したM7・1のダーフィールド地震の余震でした。ダーフィールド地震では、地震を引き起こした断層が地表まで現れました。その長さは東西三〇キロメートル。地面が断層沿いに最大五メートルも食い違いました。

この断層の動きによってクライストチャーチ直下に歪みが伝わり、五ヵ月後に悲惨な被害をもたらす地震が発生することになりました。このような歪みの伝播や地震の連鎖が私の研究テーマです。クライストチャーチ地震は重要な調査フィールドだったのです。

三月一一日当日、一日の調査を終えようとしているところでした。同行していた研究仲間のスマートフォンに突然、日本で大きな地震があったことが示されました。第一報は東北地方でM7・9。想定されていた宮城県沖地震が発生したかと、とっさに思いました。京都の自宅に国際電話をしたところ、「めまいかという感じでゆっくり揺れた」とのこと。急いでホテルに帰ると、私が事情を説明するまでもなく、オーナー夫妻から「今すぐダイニングに来なさい」というメッセージ。ダイニングに置かれた大画面テレビには、CNNの緊急ニュースが流れ、テロップにはM8・9の文字が。「えっ、そんなはずがない」と目を疑いました。「日本でM8・9の地震が起こるはずはない。テロップのミス」と夫妻に向かって説明しました。そのとたん、仙台平野が津波にのみ込まれる。まるでSF映画の一シーンのような映像が流れました。本当にこれは日本で起こっていることなのか。ショッキングなシーンが次々と映し出されました。落胆した私を見て、夫妻はその後言葉をかけ続けてくれました。彼らも被災者であり、地震国に暮らすものにしかわからない心情を共有した瞬間でした。

翌日は計画した行程の最終日でしたが、東北の状況が気になり、ほとんど調査になりませんでした。輪をかけるように、その日の夜には福島第一原子力発電所の建屋が水素爆発で吹っ飛んだというニュースが流れました。

帰国の飛行機の中で休まず取り組んでいたことがあります。それは、この超巨大地震によって東日本にかかる力がどのように変化し、地震活動が今後どうなるかを考えることでした。確かに、今回の超巨大地震は大津波が主な被害要因です。これは今後防災研究として真摯に取り組むべきことでしょう。しかし、地震連鎖を研究してきた著者が取り組むべきこと、それは今後各地で懸念される誘発地震をいかに予測し警鐘をならすかでした。もちろん、現段階では実用的に予測できるレベルではありません。あくまでも傾向を理解するといった程度です。しかし、少なくとも現在起こっている地震活動を把握し、その状況を国民に説明する義務があると考えました。

機内で一心不乱にラップトップコンピュータに向かっていた頃、もうすでに長野県北部や秋田県沖では大きな誘発地震が発生していました。

地震は地殻に長年蓄積された歪みが振動をともなって解放される現象です。それなのに、大地震後にさらに地震が起きやすくなるのはなぜでしょうか。巨大地震後に周辺でどのように地震が誘発されるのでしょうか。本書では、東北地方太平洋沖地震を例に、震災前後の地震活動の変化を紹介し、地殻・断層に作用する力の変化・伝播《でんぱ》(伝わり方)という観点からその仕組みを解説します。また、地震の統計学的性質、活断層、地震発生確率、長期予測など折々に解説を加えつつ、震災の影響が懸念される地域・活断層などを指摘したいと思います。特に、複雑なプレート構造の上にある首都圏。その大地震の可能性・切迫性について、三・一一の影響も含めて考えてみたいと思います。

「備えあれば憂いなし」です。しかし、どのように効率的に備えるかは、正しい地震科学の知識と現状認識、先端の研究成果があってこそだと考えます。今回の震災によって地震学への信頼が揺らぎました。確かに、現在の地震学のレベルでは、突然起きる大地震の予知はできません。しかし、大地震の後、すなわち「事件後」の推移を予測することは地震予知に比べるとまだ現実的です。大変動後の誘発地震や余震を予測できなければ、突然起こる大地震は到底予知できないという指摘もあります。

なお、本書ではできるだけ平易な言葉を用いるように心がけましたが、専門用語も若干出てきます。また、地震学一般の知識についてはすべてを網羅していません。気になった内容や用語があれば、巻末に記した他の書籍を参照することをおすすめします。

目　次

1 東日本大震災の衝撃

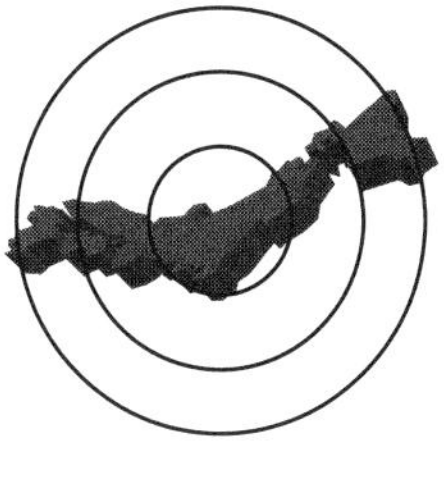

超巨大地震による超巨大な地殻変動

地震とは、長年(数年~数万年)蓄積された歪みが断層運動によって一気に解放される際に振動を生じる現象をいいます。断層とは、その歪みを解放させるためにずれ動く岩盤の不連続面のことです。断層面とも言います。この断層面の大きさとずれの量によって地震の大きさが決まります。地震の大きさは、マグニチュード(Ｍ)というスケールで表されます(詳しくは第2章で解説します)。日本では、Ｍ7以上を大地震、7未満5以上を中地震、5未満3以上を小地震、3未満1以上を微小地震、1未満を極微小地震といいます(例えば、宇津徳治『地震学』第三版、共立出版)。大地震のうち、特にＭ8以上を巨大地震、Ｍ9以上を超巨大地震と呼びます。したがって、東日本大震災をもたらした東北地方太平洋沖地震は、日本で発生した観測史上初めての超巨大地震ということになります。

この東北地方太平洋沖地震を引き起こした断層は長さ約四〇〇～五〇〇キロメートル、幅約二〇〇キロメートルに及ぶと推定されています(図1)。この地震の場合は、陸側のプレートと海側の太平洋プレートの境界が断層面そのものです。ただ、このような巨大な断層面全体が同時にずれ動いたわけではありません。場所を少しずつ移動しつつ、ずれを起こしていきました。ドミノ倒しのようにずれが拡がっていくのです。その間約三分。断層がずれている間、終始地震波を出し続けました。最初にずれ始めた地点を震源、地図上でその真上(地表投影)の位置を震央といいます。東北地方太平洋沖地震の震央は宮城県沖、牡鹿《おしか》半島の東南東一二〇キロメートルの沖合です。ずれが止まった北端は青森県の沖合、南端は茨城県沖でした。

断層のずれの大きさは、一般に断層面の大きさに比例します。すなわち、断層面が大きくなればなるほど、ずれの量が大きくなります。おおよその目安は、M7で二メートル程度、M8で一〇メートル程度です。実際は断層面全体が同じ量だけ一様にずれるわけではありません。大きくずれるところもあれば、ほとんどずれないところもあります。とても不均質です。プレート境界面で起きる地震の場合、大きくずれた部分は地震前に強く固着していた場所に対応する場合が多く、その部分は専門用語で「アスペリティ」と呼ばれます。逆に、小さな地震を頻発させながらずるずると動いて、歪みをあまり蓄積していない場所もあります。

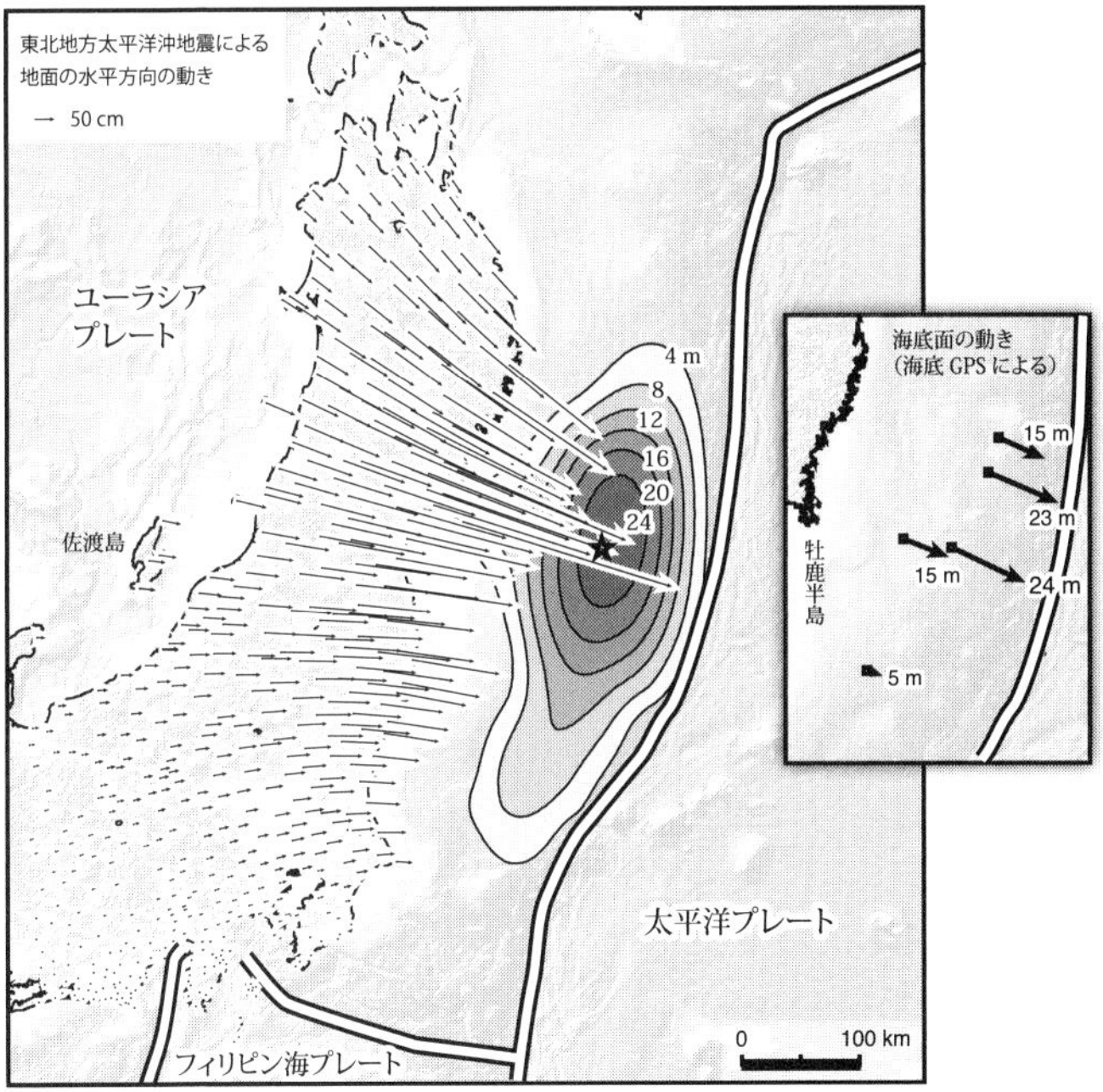

図1　東北地方太平洋沖地震による地面の水平方向の動き．陸域は国土地理院電子基準点のデータ，海底は海上保安庁の海底GPS計測による．震源を取り囲むコンター(等高線)は本震による断層面上でのずれ量を示す(国土地理院によるモデル)．

この部分は大きな地震の際にはそれほどずれないとも考えられています。震源付近で必ずしもずれ量が最大になるわけではありませんが、今回の地震では宮城県沖で最大でした。陸側のプレートが海側のプレートに対して約五〇メートルも東に移動したと推定されています。五〇メートルというずれの量はM9・5の一九六〇年チリ地震をしのいで観測史上最大です。

このような巨大な断層の動きによって、震央付近では海底が東南東に約二四メートルも移動しました(図1)。これは海底に設置されたGPS装置からの観測結果です(実際はGPSを積んだ船から音波で装置の位置変化を探る)。地震前後の海底地形の比較から、宮城県沖では水平に約五〇メートルも地面が移動したという結果も、海洋研究開発機構から公表されました。一般に断層から離れた地点ほど地面の移動量は小さくなります。しかし、震央から一二〇キロメートル程離れた牡鹿半島でも、国土地理院の電子基準点が五・三メートルも東南東に移動しました。東京は東北東へ約三五センチメートル動いています。全体として、宮城県沖に向かって地面が吸い込まれるように移動していることがわかります(図1)。

注目すべき点は移動量の大きさではなく、その空間的変化です。列島全体が牡鹿半島と同じように五・三メートル東南東に移動していたら、列島内部に《歪み》は生じません。問題は、震源から離れる程急激に移動量が小さくなることにあります。《歪み》とはわかりやすくいうと、地面の伸び縮みのことです。ここでは、移動量の勾配(周辺との移動量の差)がこの《歪み》

にあたります。例えば、新潟県佐渡島《さどがしま》では今回の地震による水平移動量は約〇・五メートルです。すなわち、佐渡島-牡鹿半島の距離は四・八メートルも拡がりました。両地点の距離は約二八〇キロメートルです。したがって伸び歪みは移動量の差を二点間の距離で割って、

$$4.8\ \mathrm{m} \div 280000\ \mathrm{m} = 1.7 \times 10^{-5}$$

となります。牡鹿半島と震央間の距離変化はさらに極端です。24 m－5.3 m ですから、一八・七メートルも地面が伸びたことになります。両地点の距離はおよそ一二〇キロメートル、すなわち歪みは

$$18.7\ \mathrm{m} \div 120000\ \mathrm{m} = 1.6 \times 10^{-4}$$

となります。佐渡島-牡鹿半島間の伸び歪みに比べて一桁も大きいことがわかります。

このように、図1は東北日本がわずか三分間で東西に大きく引っ張られたことを示しています。その伸び歪みは震央に近づけば近づくほど大きいことがわかります。震災の前には東北地方は太平洋プレートに押され、牡鹿半島と新潟県北部沿岸にある粟島《あわしま》の距離は年間約三センチメートルも縮まっていました。すなわち、東日本は太平洋プレートに押され東西にゆっくりと圧縮されていたのです。この状態から一転、東北沖地震によって東西に突如引っ張

られたことがわかります。すなわち、力の作用する向きが反転したのです。

震災後活発化した東日本の地震活動

力の作用する向きが反転すると地震活動はどうなるでしょうか。これまで長期間均衡を保ってきた地殻内の力のバランスが大きく崩れます。その変化量は著しく、影響範囲も広大になることが容易に推定できます。地震活動に影響が出ることは必至とみられていました。

今回の地震では津波災害と原発事故以外のキーワードとして、「誘発地震」や「巨大余震」が頻繁にメディアで流れました。実際に、超巨大地震のわずか一三時間後に長野県北部でM6・7、一四時間後には秋田県沖でM6・4、四日後の三月一五日には静岡県東部でM6・4の直下型地震が発生しました（図2）。実は、海域で起こる巨大地震（海溝型巨大地震）が内陸の直下型地震を誘発したのは今回が初めてではありません。例えば、同じく三陸沿岸に津波被害をもたらした一八九六年明治三陸地震（M8・2〜8・5）の二ヵ月半後には、秋田・岩手県境の真昼《まひる》山直下で陸羽《りくう》地震（M7・2）が発生し二〇〇名以上が亡くなっています。また、一九四四年東南海地震（M7・9）の約一ヵ月後には愛知県南部を震源とする三河《みかわ》地震（M6・8）が起こり、二〇〇〇名強の命が失われました。

海溝型巨大地震が隣り合うプレート境界部分を刺激し、巨大余震を誘発することもありま

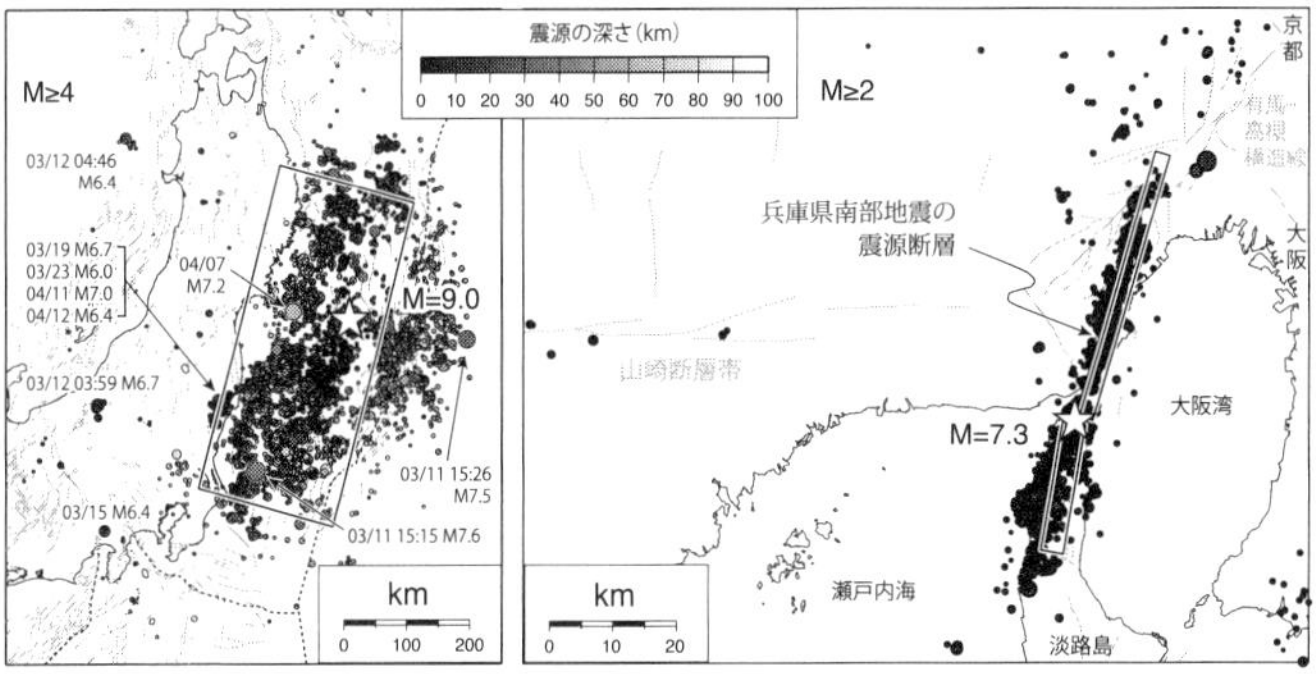

図2　東北地方太平洋沖地震と兵庫県南部地震の余震分布の比較．

す。内陸地震の誘発よりもさらに一般的です。例えば、一九四四年の東南海地震（M7・9）の二年後には一九四六年の南海地震（M8・0）が起こっています。最近の例では、二〇〇四年一二月二六日のスマトラ沖地震（M9・1）の約三ヵ月後の二〇〇五年三月二八日には、南東隣接域でM8・6の巨大余震が起きました。

大地震は地殻に蓄積された歪みを解消してくれるはずなのに、なぜ地震発生の可能性が逆に高まるのでしょうか。その仕組みを理解するためには、「本震」「余震」といった定義そのものを考え直す必要があります。

本震、余震、前震とは

地震は全くでたらめ（ランダム）に発生するものでしょうか。すべての地震がサイコロを振るように偶然に発生すれば、地震の予知・予測は未来永劫不可能です。気まぐれな事象に対しては因果関係を持ち込む余地がありません。《神はサイコロを振らない》という有名なアインシュタイン博士の言葉もあります。極端な決定論・運命論とまではいかなくとも、地震は全くランダムな現象ではありません。それに気付かれている方は多いはずです。「余震」「群発地震」「前震」「地震活動期・静穏期」「続発する地震」「双子地震」、これらはすべて地震がある時間・空間で集中して起こっていることを形容しています。

英語で「余震」を aftershock と言います。本震の後に起こる地震という意味です。after ですから時間が問題であって、場所はそれほど問わないニュアンスです。日本語の「余った地震」という意味とは異なります。私はアメリカ人研究者と一緒に長年仕事をしてきましたが、彼らは aftershock が本震を起こした断層（「震源断層」といいます）から大きくはみ出していてもそれほど違和感を覚えていません。しかし、日本語の『余震』の場合、本震に対して余った地震なのですから、これでは困ります。

つまり、日本語の「余震」とは「震源断層沿いで、本震時のすべり残りを解消するように発生する地震」と理解されています。地震学の教科書のなかにも同様に定義されているものがあります。一方で、余震域（余震が発生する地域）は本震の後に少しずつ拡がることが経験的にわかっています。そのため、本震後一日程度の余震分布が震源断層の大きさを表わすとも言われます。しかし、震源の位置決定精度が向上した今日、震源断層から大きくはみ出した場所でも多数の「余震」が発生することがわかってきました。これらは震源断層の外に起きる余震として「オフフォールト余震(off-fault aftershock)」とか「誘発地震」とも呼ばれます。広い意味での余震活動に含められます。

わかりやすい例として、一九九五年に阪神・淡路大震災を引き起こした兵庫県南部地震(M7・3)を挙げましょう。同地震では、その後京都周辺や淡路島中南部、和歌山や山崎《やまさき》断層周辺で地震活動が活発になりました(図2)。もちろん、同地震を引き起こした震源断層は京都や淡路島中南部にまで達していません。したがって、これらの活動はオフフォールト余震です。

さらに理解を深めるために、東北地方太平洋沖地震と兵庫県南部地震の余震分布を比較してみましょう。次章で解説しますが、地震および断層運動には相似則が成り立ちます。図2は、その相似則を利用して二つの地震を比較したものです。断層の長さとすべり量がほぼ一〇分の一の兵庫県南部地震のほうの縮尺を故意に一〇倍に拡大して並べてみました。この二つの地震の余震分布を比較すると興味深い共通点が見えます。兵庫県南部地震後に山崎断層や京都周辺で地震活動が高くなったと記しましたが、それはまさに東北地方太平洋沖地震後の秋田県沖の地震や長野県北部地震と位置関係がそっくりです。つまり、地震の相似則を考えれば、東北沖地震後に秋田沖で地震が誘発されても何ら不思議ではないことがわかります。

影響範囲を円で近似すると、東北地方太平洋沖地震の影響半径は、兵庫県南部地震の影響半径の一〇倍以上もの広さになります。

ところで、震源断層沿いで起こる狭義の余震と、オフフォールト余震・誘発地震はどのように区別されるのでしょうか。先に「本震後一日程度の余震分布が震源断層に相当する」と記しました。つまり、本震直後の余震分布を大きく逸脱したものを誘発地震ということも可能です。しかし、真実はすべての余震は本震による歪み変化が引き起こす誘発地震です。本震によるすべり残りの部分が余震として動くのは、本震ですべった隣接部分から歪みのしわ寄せを受けるためです。すなわち、細かなスケールでみると、いたるところで歪み(圧力)の伝播が生じています。その結果、震源断層沿いでも同じ誘発作用が働きます。先に「震源断層に近づくほど歪み変化の量が大きくなる」と記しました。震源断層沿いでは、変化量が極端に大きくなります。また、ずれの分布が複雑です。そのため、結果として震源断層沿いではオフフォールト余震よりも地震発生数が多くなります。

地震連鎖・続発のしくみ(クーロン応力変化とは)

「活断層が活動した」「活断層が動いて発生した地震」などという表現がよく使われます。この表現は厳密には間違いです。活断層やプレート境界は、地殻(地面)にたまった歪みを解消してくれる調整役で、人間でいえば関節にあたるような部分です。「断層が地殻にたまった歪みによって動かされた」という受け身の表現が本当なのです。そのような認識によって初めて、「個々の断層を一つ一つ切り離して考えてはいけない」と理解できるようになります。地殻は連続しているので、一つの断層の動きが多かれ少なかれ周辺の歪み状態、力の均衡を変えます。つまり、一つの地震が、周辺の多数の断層に影響を与えることになります。

このような地震(断層運動)による力のバランス変化を正確に見積もることができれば、その後の周辺断層の動きやすさ、すなわち地震の起こりやすさを評価できます。ただし、歪み変化を逐一実験で再現することはできないので、コンピュータシミュレーションを行ないます。コンピュータ内では均質な弾性体を模擬します。固体に外から力を加えると一時的に形が変わりますが、力を放すと元に戻ります。この性質を「弾性」といいます。バネやゴム、下敷きなどを想像してください。地殻の場合、巨大な消しゴムを考えるとよいでしょう。その弾性体の中に切れ目、すなわち断層を入れ、地震発生にともなう断層運動を再現する計算を行ないます(専門用語で「ディスロケーション」といいます)。その過程で、周辺に分布する他の断層にもたらされる歪みを計算します。カッターで紙に切れ目を入れて、その切れ目を手でずらす状態を思い浮かべてください。その場合、切れ目の延長部分が大きく歪み、破れやすくなります。紙と異なるのは、断層の端以外にも断層運動が促進されるような場所が生じる点です。

これまで「歪み」という用語を使ってきました。ゴムのような弾性体は力を加えれば加えるほど、それに比例して物体が歪みます。単純にバネと同じ振る舞いをします。これを「フックの法則」といいます。この「フックの法則」を用いて、歪みの大きさに弾性定数をかけることで応力に変換されます。応力とは「物体に外部から力が作用するとき、物体内部に生じる単位面積あたりの抵抗力」と定義されます。単位面積あたりの力なので、圧力と同じことです。英語では stress と言います。まさに日常生活で使われる「ストレス」と同義です。例えば、仕事が忙しいとき、受験勉強で大変なとき、人間関係で悩んでいるとき、「ストレスがたまる」「ストレスを感じる」と表現しますが、それは外的な環境要因が本人に作用するときに、本人の内部に生じるものです。同じ意味で使われますので、わかりやすいと思います。

断層面に加わる応力(ストレス)がある限界を超えるとずれが起こり、地震が生じます。その断層面に加わる応力には、二種類あります。一つは剪断《せんだん》応力といい、断層面を横にずらそうとする応力です。もう一つは、断層面を押さえつけようとする応力で、法線《ほうせん》応力といいます(ここでは、断層面を押さえつける向きを負(マイナス)と定義します)。この二つの応力を組み合わせたものを「クーロン破壊応力(Coulomb failure stress)」といいます。ある断層が近傍の大地震によって動きやすくなるか、動きにくくなるかを判断する指標として用いられます。剪断応力が増加するか、法線応力が増加、すなわち断層を押さえつける圧力が小さくなれば、クーロン応力は増加し、断層は動きやすくなります。

図3は、レンガブロックと机の境界を断層として模擬したものです。レンガにはバネを経由して重りから引っ張りの力がかかっています。机との境界面での摩擦力によってレンガが動かない状況をどうにか保持しています。

さて、ここでレンガをすべらせる、すなわち地震を起こす、にはどうすればよいでしょうか。方法が二つあります。一つは引っ張る重りを増やす方法。もう一つはレンガ自体の重量を減らす方法です。それぞれ剪断応力の増加、法線応力の増加に対応します。後者の法線応力の増減には、レンガと机の境界面の摩擦が影響します。仮に境界面がテフロン加工のようなつるつるの状態であれば摩擦係数はきわめてゼロに近くなります。その場合、ブロックをいくら積み上げても影響は小さくなります。逆に紙やすりのようなものであれば摩擦係数は高くなり、法線応力の大きさが断層の動きやすさに直接影響します。

法線応力の変化に関しては、万力《まんりき》に挟まれた二枚の板を考えるとよいかもしれません。万力で締め付けると二枚の板は動きにくくなりますが、万力を緩めると動きやすくなります。法線応力は、断層から離れる向きを正（プラス）と定義しているので、締め付けた場合が法線レンガ(断層)を動かすには?

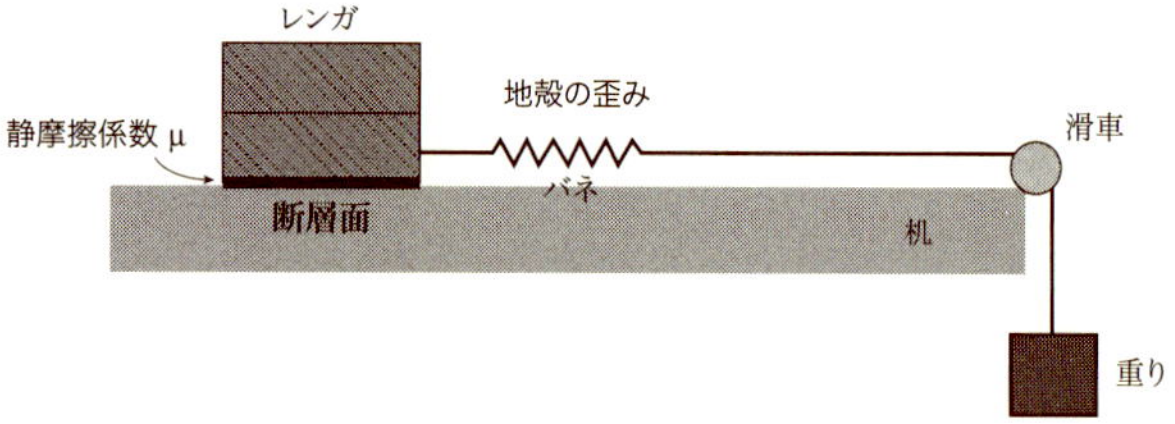

1. 重りを追加してバネを引っ張る(剪断応力を増やす)

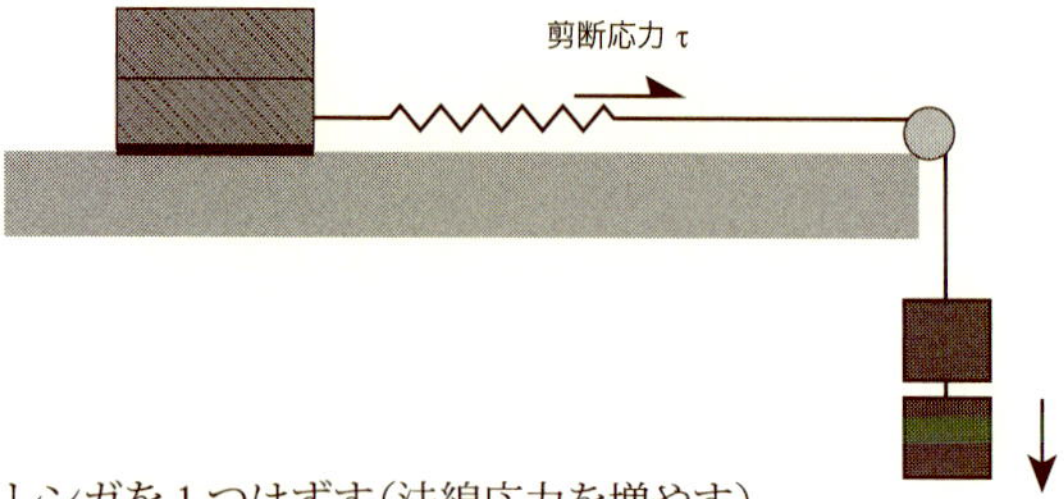

2. レンガを 1 つはずす(法線応力を増やす)

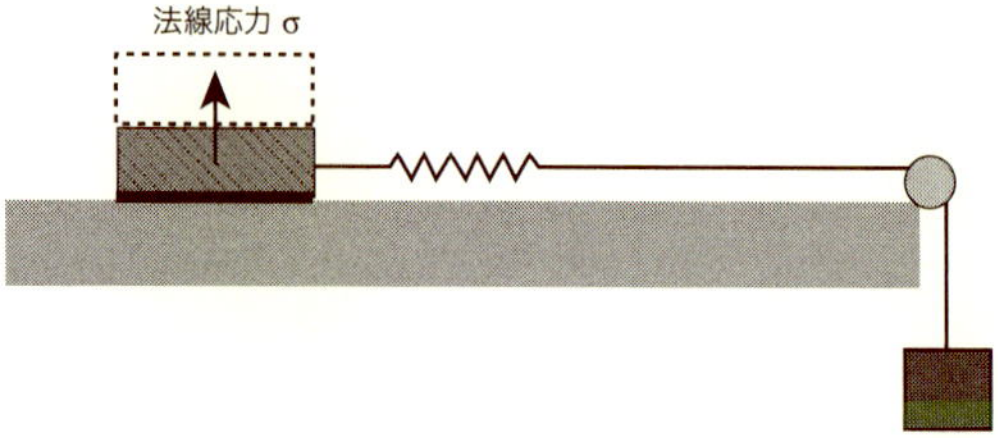

図 3　クーロン応力変化を説明する概念図. 断層の動きを促進するためには, 剪断応力もしくは法線応力を増加させる必要がある.

応力を減少させ、緩めた場合が増加させることに相当します。二枚の板の境界がつるつるの場合（摩擦係数小）はこの効果が小さくなり、ザラザラの場合（摩擦係数大）は大きくなります。

いずれにしても、剪断応力、法線応力が増加すればクーロン応力が増加し、断層運動が促進されます。すなわち、地震が起こりやすくなります。逆にクーロン応力が減少すれば断層運動が抑制され、地震が起こりにくくなります。

クーロンの原理はすべての断層運動、すなわち、すべての地震に適用できます。余震や誘発地震に限って仕組みが異なるわけではありません。ただし、実際の計算では震源断層が複雑な場合が多く、影響を見積もる周辺断層の位置、形状、断層タイプ（横ずれ、逆断層、正断層。図4）もさまざまです。図3ほど単純ではありません。

本来はコンピュータによる仮想的な計算ではなく、地殻の応力変化を直接測定するのが理想です。実際、地下数キロメートルまでであれば応力測定は不可能ではありません。しかし、掘削に膨大な予算が必要です。また、大地震が発生する地下一〇キロメートル～五〇キロメートルの深さとなると、掘削も応力計測も技術的に不可能です。したがって、コンピュータによる計算で推定せざるを得ません。幸い、地震波の解析やGPSなどの宇宙測地技術によって、震源断層の位置や形状、ずれ量が地震発生から数時間以内にモデル化できるようになってきました。そのため、大地震後の早い段階から適確な応力計算ができるようになりつつ

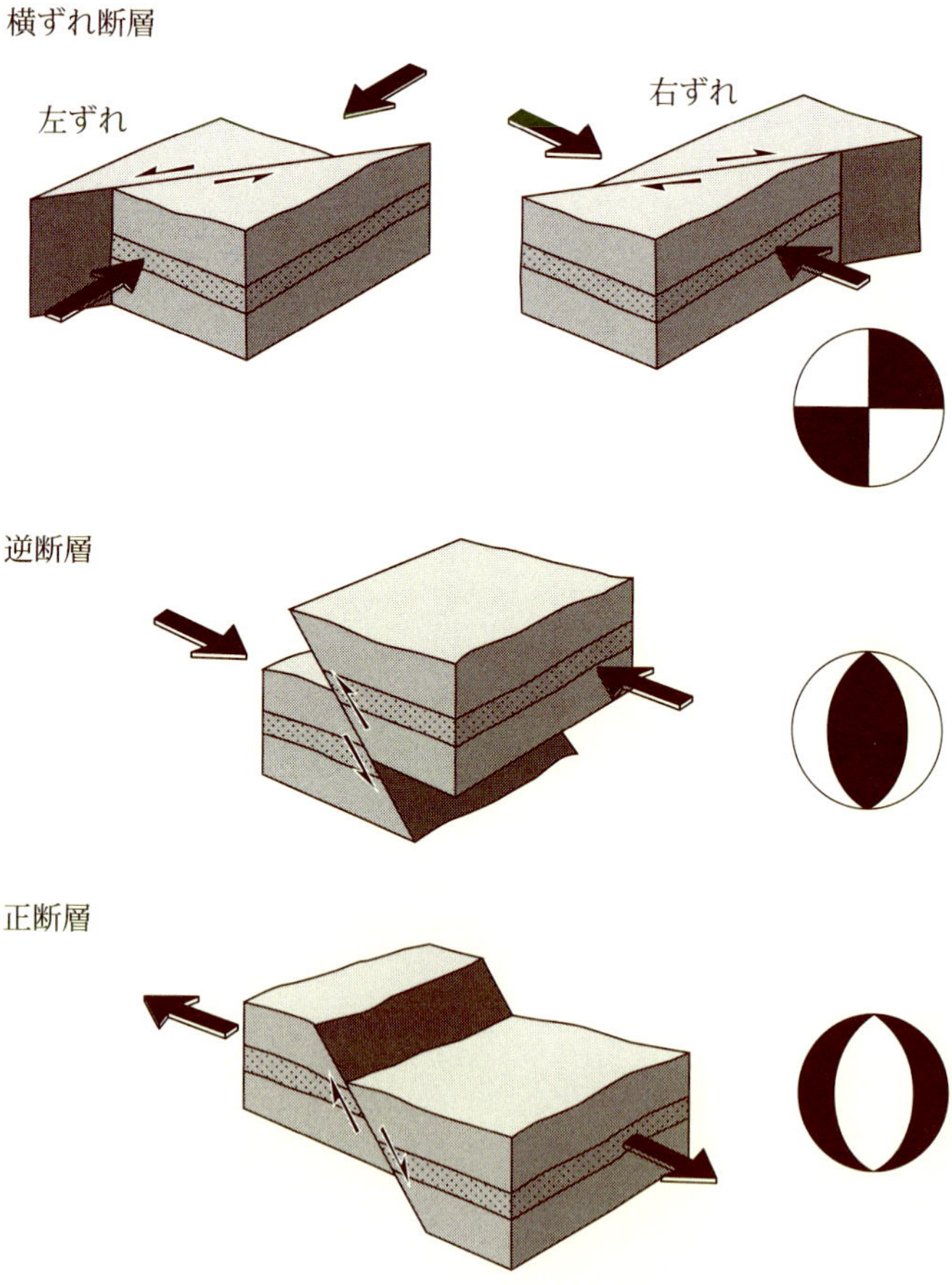

図4　4種類の断層のタイプ(ずれのセンス)．ビーチボール様の記号は，それらを表現する記号(専門的には発震機構，P波初動の押し引きを表わす)．

あります。

大気圧以下の変化でも激変する地震活動

図5は、東北沖地震による主要活断層とプレート境界の応力変化の推定値です。正のクーロン応力が断層運動を促進し、負の値が抑制します。東北地方の大半の活断層はクーロン応力が減少(マイナス)となります。すなわち、今回の地震によって動きが大きく抑制されることが予想されます。ただし、左横ずれ断層と推定されている双葉《ふたば》断層は五バール(〇・五メガパスカル、大気圧の約五倍)程度の応力が加わったと推定されます。これは東北沖地震の震源に近いことも影響しています。一方で、日本屈指の長大活断層である糸魚川《いといがわ》-静岡構造線(糸《いと》静線《しずせん》)など、中部地域の北西-南東方向の横ずれ断層にも最大〇・五バール程度のクーロン応力の増加が予想されます。一方、震源から四〇〇キロメートル以上離れた近畿地方では、活断層への応力変化量はごくわずかで、計算上〇・一バール以下です。

東北沖地震の周辺のプレート境界に対しては、千葉県東方沖や関東直下では数バール程度増加しますが、相模トラフ沿いではわずかに減少しています(トラフとは溝状の海底地形)。駿河トラフから南海トラフにかけては、震源からの距離が遠いためほとんど変化はありません。最大でも〇・二バール、ほとんどが〇・一バール以下のわずかな増加に留まります。したがっ

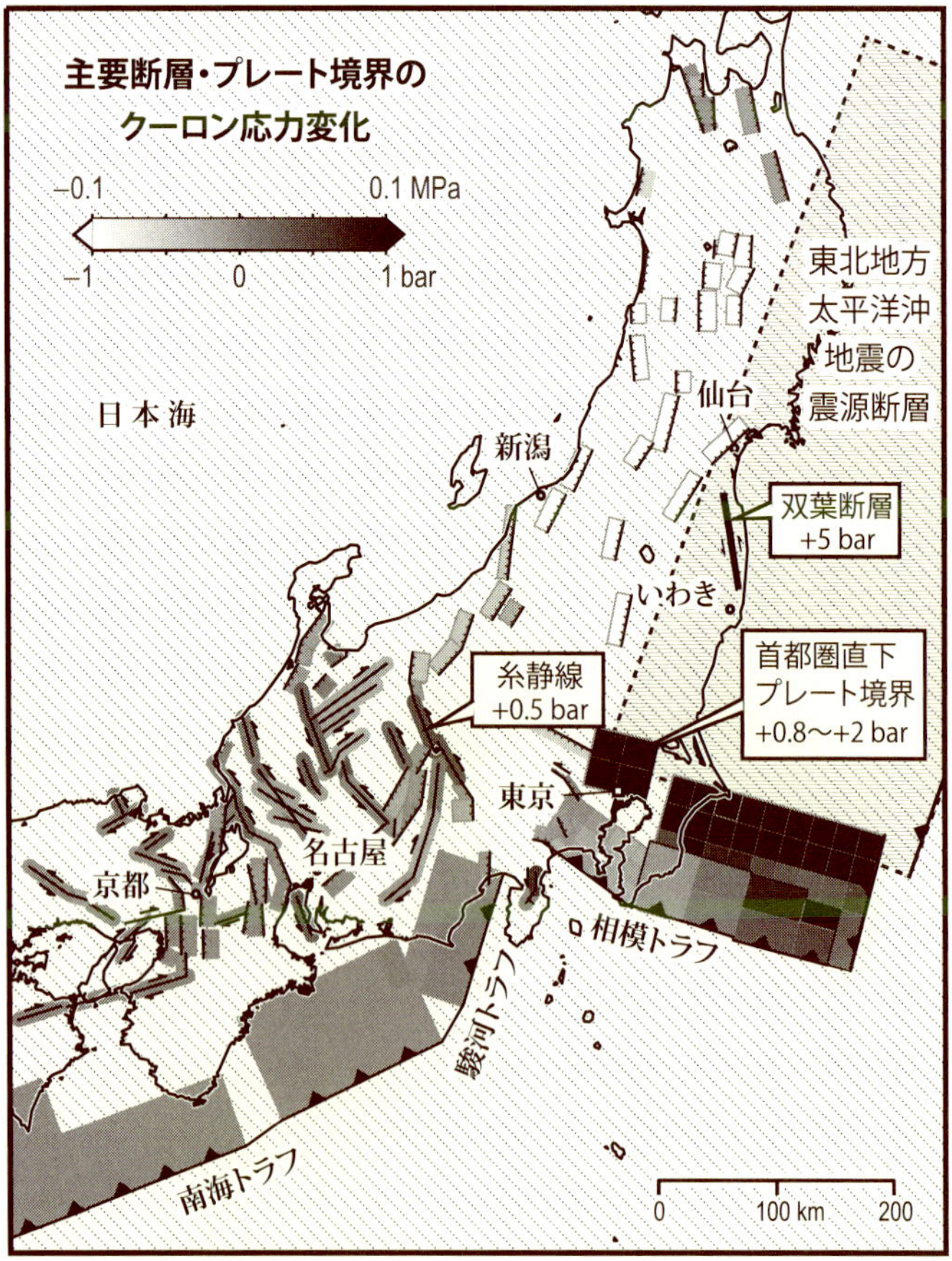

図5　東北地方太平洋沖地震による主要活断層・プレート境界のクーロン応力変化.

て、計算上は直ぐに東海地震や東南海地震を心配する恐れはありません。

これまでの世界各地での研究事例から、地震活動に少なからず影響を及ぼすクーロン応力変化の絶対量は〇・一バール程度とされています。このことから、東北沖地震による影響は中部地方〜北海道南部まで及ぶと考えられます。これは、当初から予想されていたことでした。

「想定外」の正断層型地震

大きな活断層への応力変化は比較的計算しやすいものです。断層の位置、走向(向き)、傾斜、すべりの向きなどがある程度わかっているからです。問題は小さな地震です。地震活動は極微小〜小地震が大多数を占めます。したがって、小さな地震の評価が地震活動全体の傾向を決めます。小・中地震は小・中規模の断層から発生しますが、これらの断層への応力変化を評価することはやさしくありません。地殻には多様な断層が存在し、それぞれ断層の強さや応力の状態が異なっているからです。今回の地震では、そのような構造や応力の不均質性も明らかになりました。

前述したように東北地方太平洋沖地震を引き起こした断層は長さ約五〇〇キロメートル、幅約二〇〇キロメートルにおよび、最大で約五〇メートルもずれ動いたとされています。前述のように、これまで東西にゆっくりと圧縮されていた東北日本がわずか三分間で東西に大きく引っ張られ、力の向きが反転しました。このような大規模な地殻変動によって、東北地方では地震発生の場所とメカニズムも一瞬で入れ替わったことがわかりました。震災前まで地震活動が低調であった地域で急に活発になりました。具体的には、秋田県南部、秋田沖、山形県月山《がっさん》周辺、福島県磐梯山《ばんだいさん》周辺、日光男体山《なんたいさん》・白根山《しらねさん》周辺、長野県北部、福島県・茨城県県境付近、銚子周辺、飛騨山脈などです（図6）。これらの地域では本震の直後、もしくは若干遅れて地震数が劇的に増えました。

逆に、本震によって地震活動が低下した地域もあります。秋田県中部、岩手・宮城内陸地震の余震域、猪苗代湖の湖南地域、新潟県中越地震の余震域などです。これらの地域では、震災前の東西圧縮場において逆断層型の地震が多発していました（図7上）。地震活動の低下は、逆断層運動を抑制する力が働いたという計算結果（図5）と整合します。

震災後に活発化した地域では、正断層型と横ずれ型の地震が目立ちます（図7下）。震災前には逆断層型の地震が起こっていたので、変化は一目瞭然です。例えば、宮城県沖から福島県沖にかけて正断層型の地震が多発しています。地震の種類が変わったことがわかります。特に、福島県・茨城県県境付近では、本震後五ヵ月間で数千個以上の地震が検知され、一時は群発地震の様相を呈していました。そのほとんどが正断層型の地震です。この地域は震災

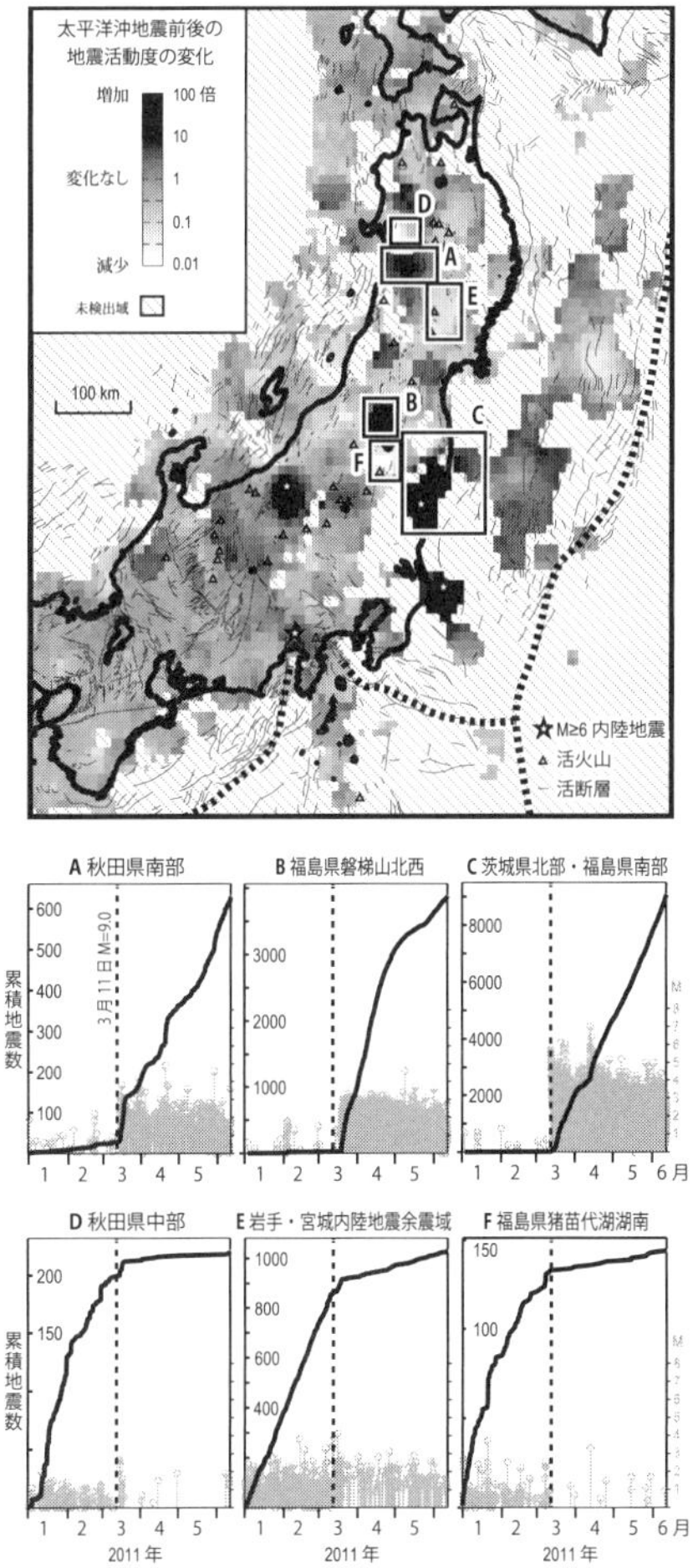

図 6　東北地方太平洋沖地震前後の地震活動の変化．下のパネルは各地での地震活動の時系列(2011 年 1 月 1 日からの累積地震数)．

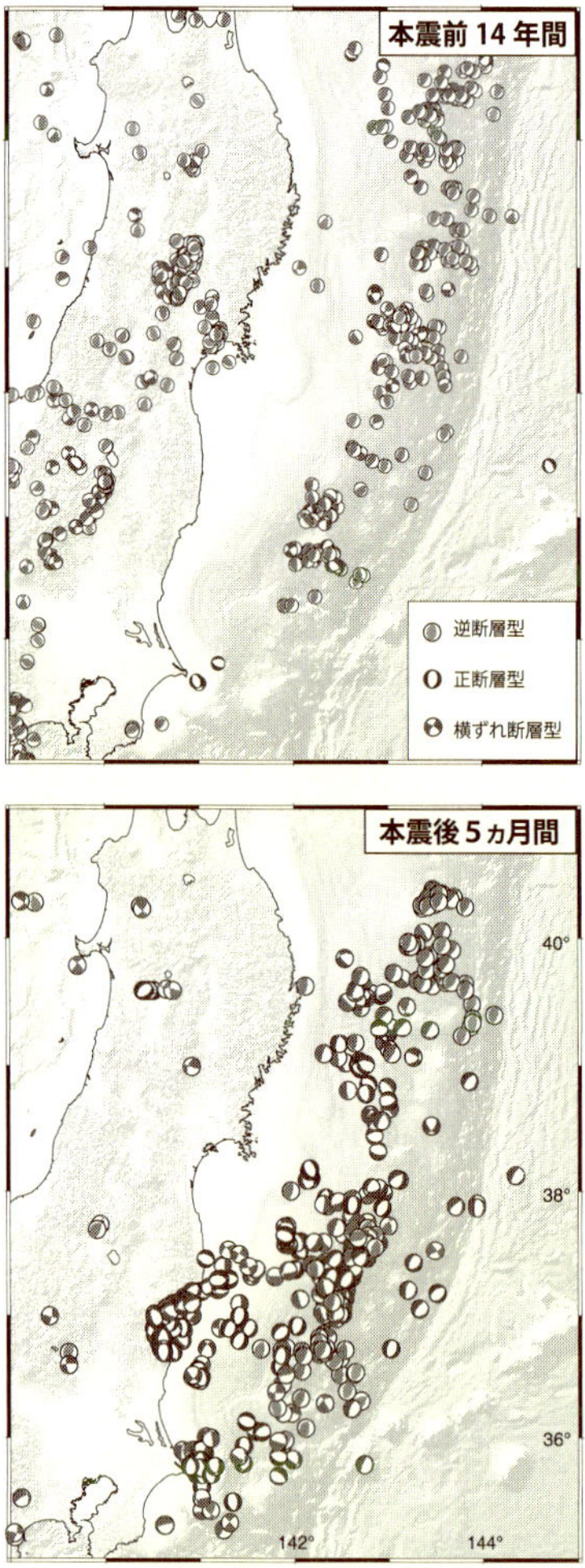

図 7　東北地方太平洋沖地震前後での地震メカニズム(断層タイプ)の変化．ビーチボール様の記号の意味は図 4 を参照．本震によって逆断層型から正断層型の地震活動に変わった．

前には地震がきわめて少ない場所でした。四月一一日にはM7・0の福島県浜通りの地震がいわき市で発生しました。斜面崩壊などで四名の方々が亡くなり、家屋の損壊も多数発生しました。この地震では、推定活断層とされていた湯《ゆ》ノ《の》岳《だけ》断層と井《い》戸《と》沢《ざわ》断層に沿って、それぞれ一五キロメートルの長さの断層が地表に出現しました（図8）。このように地下の断層が地表に顔を出したものを地表地震断層といいます（第3章で解説）。このときの地表のずれは最大約二メートルにも達しました。海溝型超巨大地震によって活断層の動きが誘発された例と

図8　東北沖地震1ヵ月後の2011年4月11日に発生した福島県浜通りの地震(M 7.0)で地表に出現した断層(地表地震断層). 水平だった水田が約1.5 m 上下に食い違った. 写真右側が低下して水が堰き止められ, 水田が一時的に池になった.

いえます。

このように、東北地方太平洋沖地震の後数ヵ月間にはもの凄い数の地震が発生しました。緊急地震速報も一〇〇〇回以上流されました。観測史上最大の地震の後には、観測史上最も多くの地震が記録されました。本震から二年近くが経過した今、大きな揺れをともなう地震は徐々に鳴りを潜めています。しかし、これですべて安心してよいのでしょうか。東北地方太平洋沖地震の影響は終わったといえるのでしょうか。次章以降では、地震の連鎖性を理解するために欠かせない地震の集団的性質や地震の発生場を解説します。その後、再び超巨大地震の影響を詳しく検討していくことにします。

2 ピラミッド型『地震組織』
——巨大地震が支配する世界

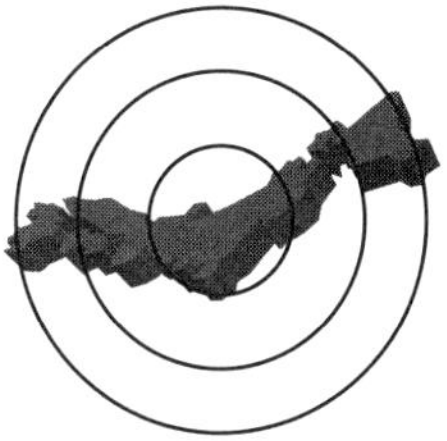

地震のマグニチュード

最近はマグニチュードと震度を混同する方々は少なくなりました。震度は各地点での揺れの大きさを表わし、マグニチュード（M）は地震そのものの大きさを示すスケールです。実はこのマグニチュード、いくつかの種類があります。通常日本で使われるのは、気象庁マグニチュードです。記号でM_Jと表わすこともあります。本書でもMと省略している場合は、日本の地震に関してはM_Jです。基本的にマグニチュードは、震源からある一定距離で計測された地震波の最大振幅の常用対数値です。実際は各種の補正などが加えられています。もちろん、地震規模が大きいと最大振幅も大きくなるので、マグニチュードは大きくなります。M_Jは周期五秒程度までの短い周期の地震動記録を用いて算出されます。一方で周期二〇秒までのゆったりとした表面波（P波やS波の次に発せられる地震の波の種類）の最大振幅を用いる場合を、表面波マグニチュードM_Sと呼びます。表面波を発する浅い地震に適用されますが、遠方での大きな地震の大きさを測る場合に重要となります。

これらのマグニチュードは地震計の発明・開発とともに定義されてきました。しかし、根本的な欠点が二つありました。一つは、これらのマグニチュードを用いて地震どうしの物理的な比較ができないこと。もう一つは、大きい地震でマグニチュードがある大きさ以上に大きくならないこと（マグニチュードの飽和）です。これを解決すべく提案されたのがモーメントマグニチュードという指標です。

何度も記したように地震は断層運動です。地震モーメントという物理量で表わすことが可能です。地震モーメントM_0は、断層の長さ（L）、断層の幅（W）、断層沿いでのずれ量（D）、地殻の剛性率（μ）の積として、

$$M_0 = \mu \times L \times W \times D$$

と表わされます。μは定数で、地震によってあまり変わらない値です。したがって、地震毎のM_0を比べるときにはL、W、Dで比較ができます。断層の長さ、幅、ずれ量をそれぞれ三次元的な軸として、図9のように視覚的に地震のエネルギーを体積として表わすことがで

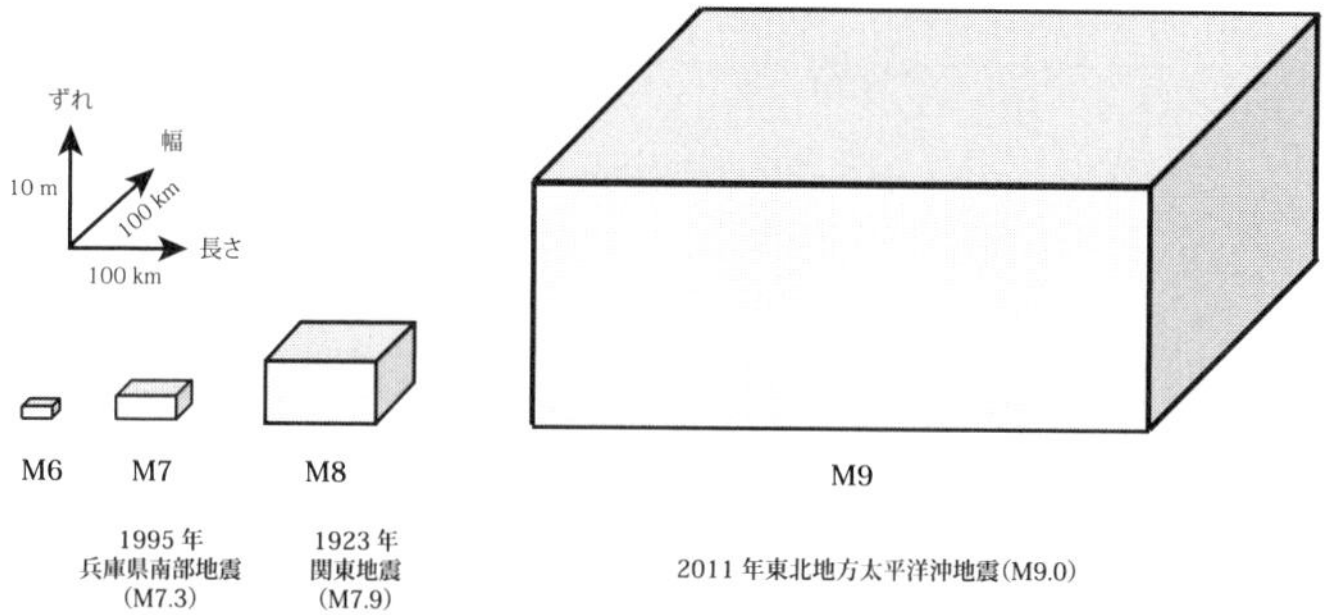

図 9　地震モーメントの視覚的な比較.

きます。

モーメントマグニチュードM_Wは、この地震モーメントM_0を

$$\log(M_0) = 1.5 \times M_W + 9.1$$

の式に代入して求めます。M_Wは上記のように物理量を考慮したものなので、地震間の比較も容易にできます。ちなみに、一九九五年の兵庫県南部地震はM_J 7・3ですがM_Wは6・9でした。二〇〇〇年に起こった鳥取県西部地震は同じM_J 7・3ですがM_Wは6・6とされ、実は兵庫県南部地震よりも小さい地震だったことがわかります。今回の東北地方太平洋沖地震では気象庁は地震直後にM7・9と発表していましたが、約一時間後にM8・4、さらに二時間半後にはM8・8、二日後にはM9・0と順次修正していきました。最初のM7・9はまさに気象庁マグニチュードM_Jです。地震波の振幅があまりに大きかったためにマグニチュ

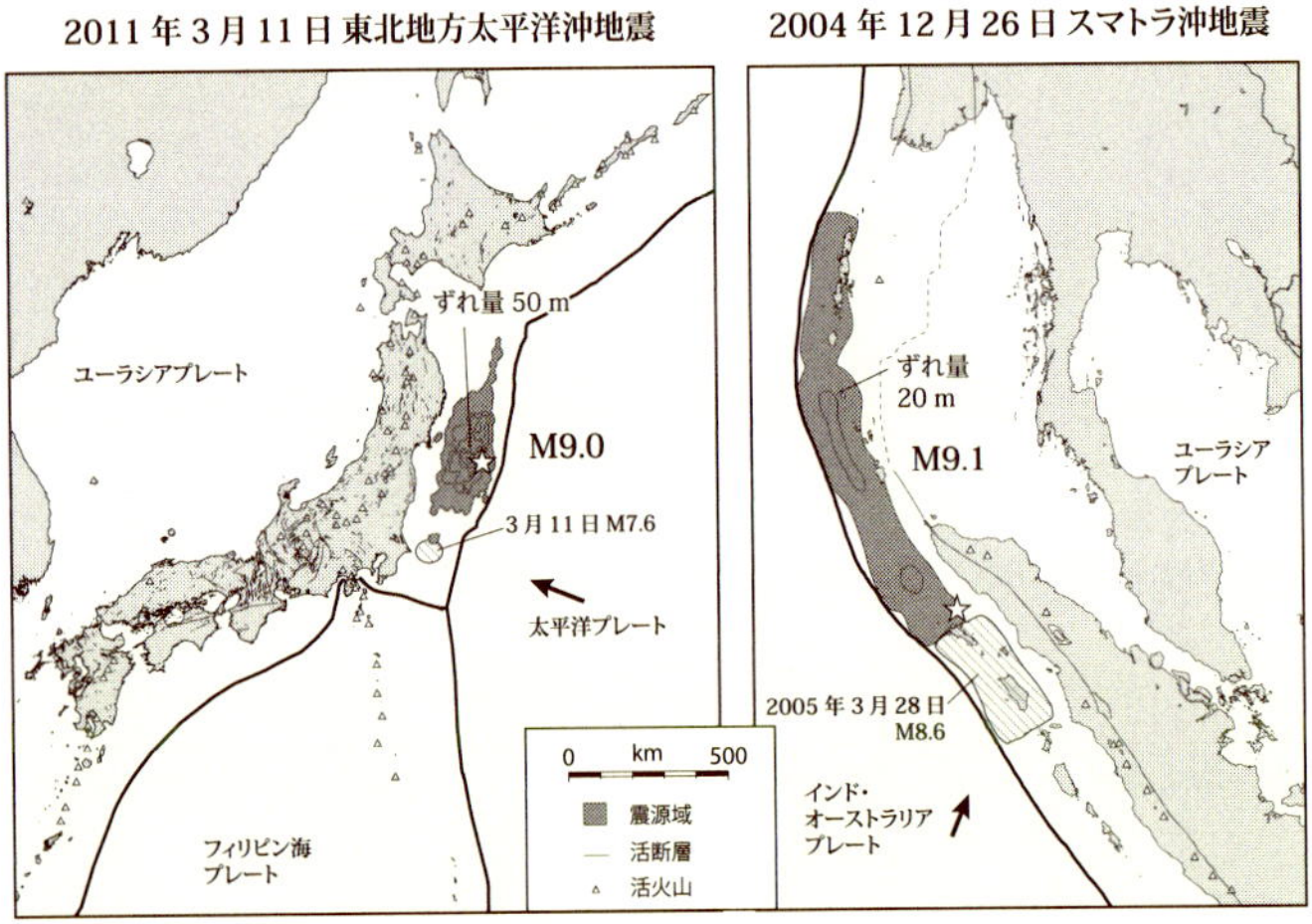

図10　東北地方太平洋沖地震とスマトラ沖地震の震源断層域の比較.

ードの飽和現象が起きた結果でした。その後はM_Wを順次採用した値になっています。

　ところで、図9の地震体積ですが、断層の長さが大きくなると、自然に幅、ずれ、ともに大きくなることが経験的にわかっています。そのため、箱(体積)の大きさは変わっても形は変わらない場合がほとんどです。いわゆる相似形です。Mが1大きくなると、体積は三二倍になります。Mが2大きくなると体積、すなわちエネルギーは約一〇〇〇倍になることがわかります。図9では、阪神・淡路大震災を引き起こした兵庫県南部地震と東日本大震災を引き起こした東北地方太平洋沖地震が視覚的に比較できます。東北沖地震がいかに大きな地震だったか一目瞭然です。

しかし、この地震体積の相似形、これが東北地方の最大地震を予測する妨げになりました。二〇〇四年にインドネシアで発生したスマトラ沖地震はM9・1。東北沖地震はM9・0で、マグニチュードのスケールでは0・1しか変わりません。相似形を考慮すると、震源断層の長さはほぼ同じと想像してしまいます。しかし、スマトラ沖地震は長さ一〇〇〇キロメートル超、東北沖地震はその半分以下でした(図10)。ただ、東北沖地震は、ずれの量がスマトラ沖地震の倍以上だったので、ほぼ同じマグニチュードとなったわけです。両方の地震を地震体積で表わすと、体積はほぼ同じながら形が大きく異なります。今となっては残念なことですが、「M9の超巨大地震を引き起こすためには、断層の長さが一〇〇〇キロメートル程度は必要」という先入観を地震学者の多くが持っていました。そのため、「万一日本でM9が起こるようであれば、東海・東南海・南海・日向灘・南西諸島が連動する場合だけだ」と主張する地震学者もいました。まさか、東北沖のこれほど狭い範囲で五〇メートルもの大きなずれが起こるとは誰も考えていませんでした。地震のスケール則、相似則という「常識」にとらわれたためでした。

地震の統計学的性質(その1)——グーテンベルク-リヒター則

京都では地震による揺れを感じることは希です。年間二〜三回程度といったところでしょうか。だからといって、京都周辺で地震が発生していないわけではありません。普段体に感じる地震は、実際に地下で発生している地震のごく一部に過ぎません。最近では防災科学技術研究所が公開しているHi-net観測網による自動処理震源マップ(http://www.hinet.bosai.go.jp/hypomap/)によって、M1やM2といったきわめて小さな地震もほぼリアルタイムに分布を確認することができます。それを見ていただくと、体に感じない小さな地震がどれだけ多く発生しているかがわかります。

地震学者は感度の高い地震計を地下一〇〇メートル〜三五〇〇メートルもの深さに設置して、できるだけ小さな地震を検知しようと努力しています。それはなぜだかわかりますか。理由の一つは、小さな地震の観測が大きな地震の予測につながるからです。地震には経験的にわかっているいくつかの統計法則があります。その一つが、「グーテンベルク-リヒター則(GR則)」というものです。アメリカの地震学者であったチャールズ・リヒター博士とベノー・グーテンベルク博士が一九五四年に発見した法則です。その一〇年以上前に日本の地震学者の石本巳四雄《みしお》博士と飯田汲事《くみじ》博士が同じような関係を発見しており、石本-飯田の式と

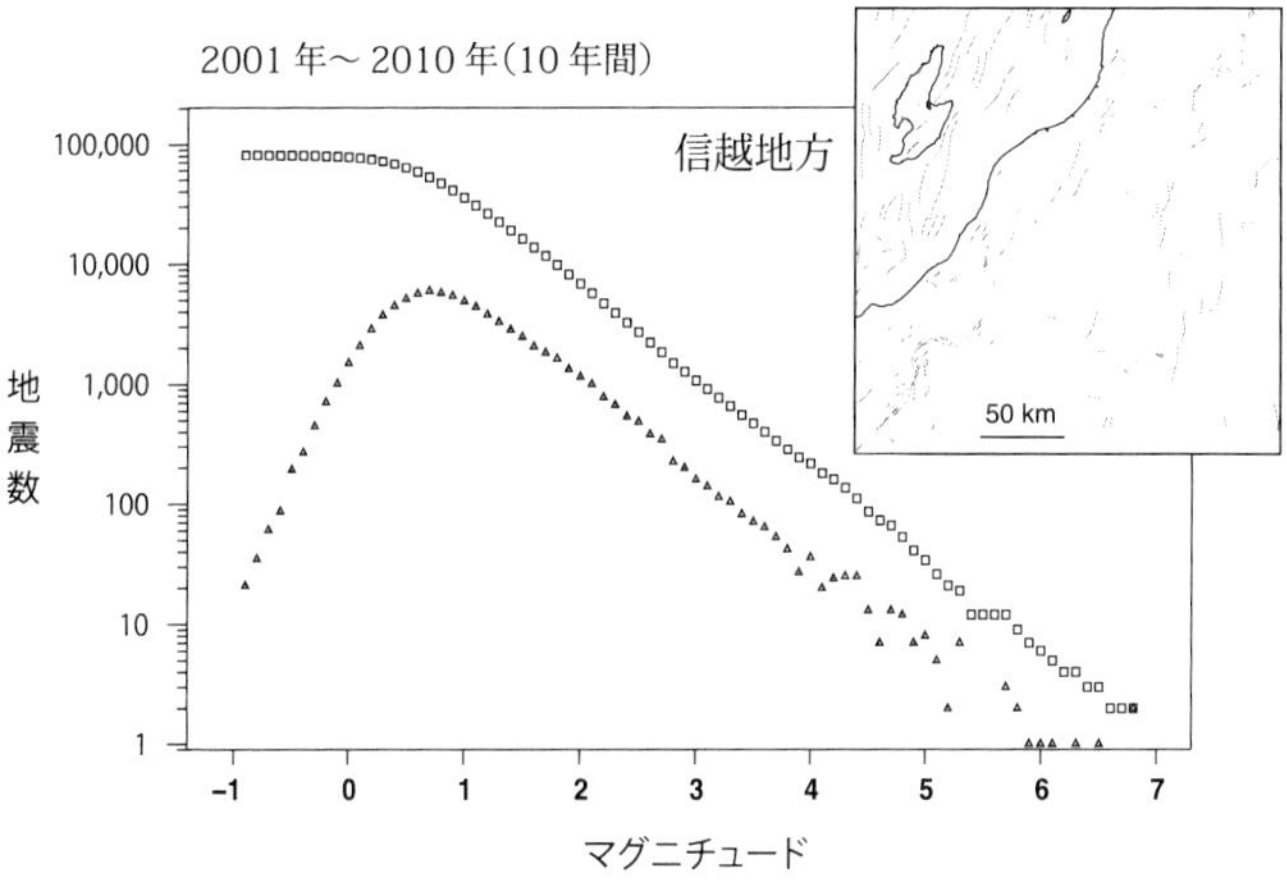

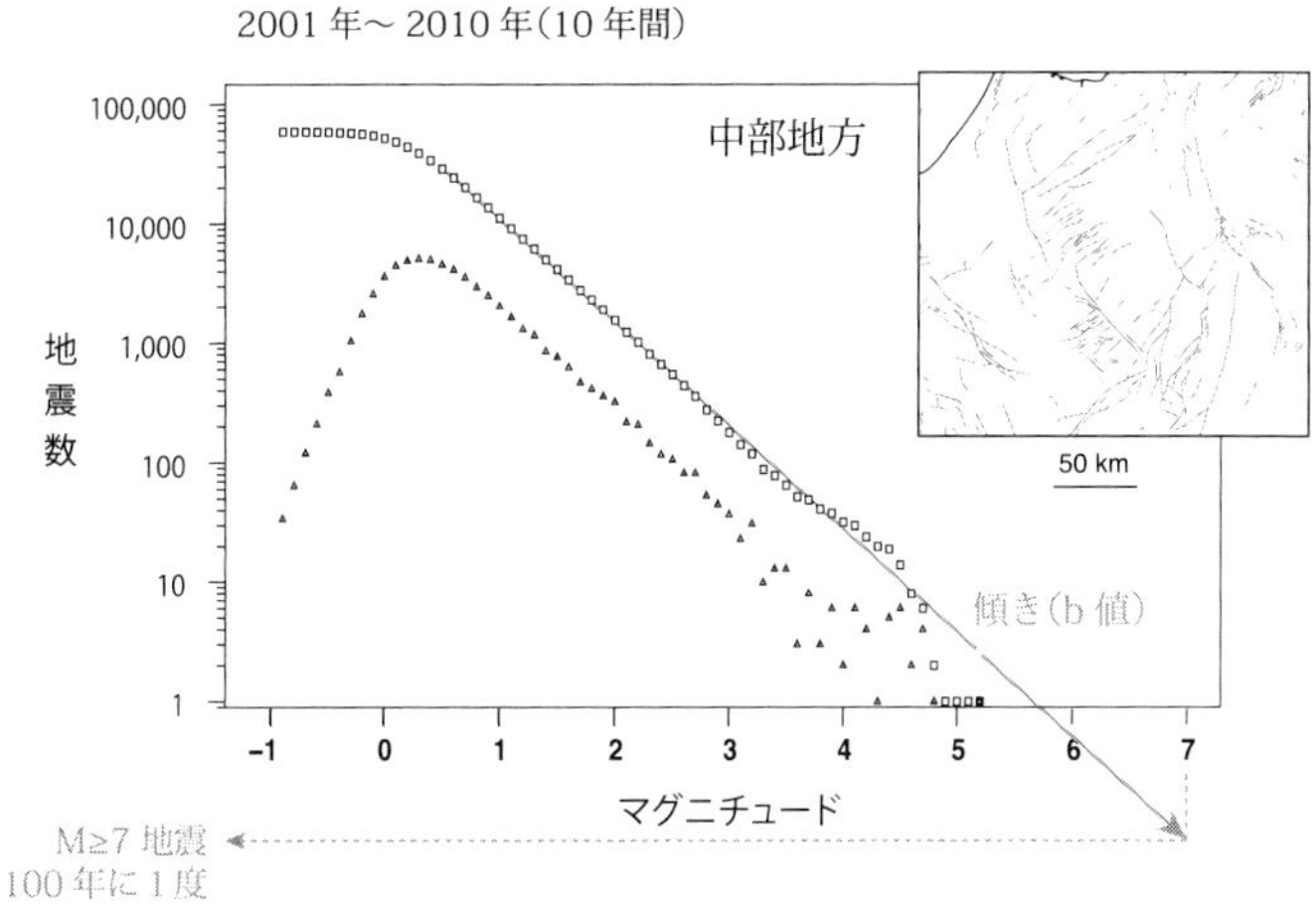

図 11　信越地方と中部地方のマグニチュード別の地震頻度．三角印は M 0.1 刻みの地震数．四角印は大きな M から順次積算した地震数．

もいわれます。

ある地域の地震数をマグニチュード別(Mが0・1刻み)に数えると図11の三角印のようになります。これを大きな地震から順に足していったものが図11の四角印です。例えば、横軸がM4・0のところの四角印の高さは、M4・0以上の地震数を表わします。図の縦軸は対数軸です。この図をみると、Mが1小さくなると、そのM以上の地震がおおよそ一〇倍増えることがわかると思います。例えば、ある地域でM6以上の地震が一〇年に一度の割合で発生するとしましょう。そうすると、M5以上は年に一回、M4以上は約一ヵ月(三七日)に一回発生することになります。

通常は小さな地震が頻繁に起こっているので、この逆を考えてみましょう。ある地域でM4以上の地震を年に一〇個ほど観測したならば、M6以上の地震は年に〇・一個発生することが理解できますね。〇・一個の地震というのがわかりにくいのであれば、一〇年に一回程度M6以上の地震が起きるといってもよいでしょう。同じくM7の地震は一〇〇年に一回の割合で発生することを意味します。したがって、滅多に起きない大地震を直接観測しなくても、頻繁に発生している小地震の頻度(数)から、大地震の起こりやすさを評価できます。そういう意味でGR則は地震の予測に役立つ法則なのです。

Mが1大きくなると、そのM以上の地震が一〇分の一になると記しました。しかし、これはあくまで標準的な値です。実際は地域や地震活動の状況で多少のばらつきがあります。具体的には、図11下にあるように四角印の並びから回帰直線（データをより良く説明する近似直線）を描き、その傾きを調べることで、大地震と小地震の割合を表現することができます。この傾きをb値といい、これは通常1程度です（正確には傾きはマイナス1ですが、符号を正にして表わします）。ただし、地域ごとにb値に若干の違いがでます。b＝1のときがこれまで述べた関係そのもので、b値が1未満だと大きな地震の割合が標準よりも多く、b値が1より大きいと小さな地震の割合が多くなります。b値は、一般に火山地域などで大きく、東北沖など沈み込むプレート境界付近では小さい傾向があります。日本列島全体では平均的に0・9と報告されています。図11は、信越地方と中部地方の最近一〇年間のマグニチュード別の地震数をプロットしたものです。中部地方の方が傾きがわずかに急です。すなわち、小さな地震の割合が信越地方に比べて大きいと言えます。

こう述べると、我が国が誇る稠密な地震観測網とGR則とで大地震が予測できるのではないかと思えてきます。しかし、楽観的に考えるのはまだ早いのです。実は、図11に示したGR則にはb値以外にもう一つ重要な要素があります。それは四角印群そのものの高さです。全体としての地震活動の活発さ（地震の生産性）を表わす値です。具体的にはM＝0のときの地震数をa値として表わします。このa値とb値を使って、GR則は　log N=a－bM の式

表1 マグニチュード(M)別の地震発生数(年平均).

	世界	日本	首都圏
M≥5.0	1319	112	12.1
M≥6.0	134	13	1.2
M≥7.0	17	1.4	0.1
M≥8.0	1	0.09	?
M≥9.0	0.04–0.08	?	?

世界のデータはUSGSによる. M≥9.0の頻度は1950〜2010年と1962〜2010年を考慮した. 日本列島の範囲は, 北緯24.0°〜45.5°, 東経123.0°〜150.0°. 首都圏とその周辺の範囲は, 北緯34.5°〜37.0°, 東経138.5°〜142.0°. ともに気象庁カタログ1962〜2010年のデータによる.

で表わされます。Nはマグニチュード M以上の地震の数です。したがって、いくらb値が小さくてもa値が大きくなければ、予想される大地震の数は少なくなります。地震活動の活発さを表わすこのa値は地震観測を行なう地域の大きさや期間にもよります。期間と空間を統一した尺度で比較すれば、地震活動や大地震の起こりやすさの地域差を調べることができます。

GR則の利点は、小さな地震を観測して大きな地震を予測することだと記しました。では、M9の超巨大地震まで適用可能なのでしょうか。GR則を使って、M9の超巨大地震がおおよそ何年に一回発生するのか、考えてみましょう。

表1は世界、日本、首都圏周辺でのM別の年平均の地震発生数です。厳密には日本列島と世界のデータで採用したマグニチュードの種類が異なりますが、おおよそ同じだと仮定して比較してみましょう。この表から二つの興味深いことがわかります。一つは世界、日本、首都圏、すべてb値がほぼ1でGR則がおおよそ成り立っていることです。もう一つは日本列島とその周辺域で発生している地震は世界の一〇分の一、首都圏で発生している地震は日本

の一〇分の一、すなわち全世界の地震の一〇〇分の一が東京周辺で発生しています。「地震国日本」と言われる理由を数値で確認できたわけです。そのなかでも首都圏できわめて多くの地震が発生していることにあらためて驚かされます。このことは第5章で解説します。

表1から、全世界ではM8以上の地震が年一回程度どこかで発生していることがわかります。地震の統計則が超巨大地震にまで成り立つならば、一〇年に一度M9以上の地震が発生しても不思議ではありません。日本列島全体ではどうでしょうか。全世界の一〇分の一の量の地震が発生している地域なので、M9以上の超巨大地震が一〇〇年に一回発生してもおかしくはなかったのです。東北沖地震では西暦八六九年の貞観《じょうがん》地震が引き合いに出されて、一〇〇〇年に一度の巨大地震だったといわれます。日本列島には他にも千島海溝、南海トラフ、琉球海溝など地震活動の活発なプレート境界があります。一〇〇年とはいかなくとも平均すると数百年に一度M9以上の地震が発生してきたのかもしれません。

一方で素朴な疑問も浮かびます。もしこの統計則がどこでも適用できるとなると、首都圏でも一〇〇〇年に一度M9以上の地震に見舞われるのでしょうか。考えたくない予測ですね。これについても、第5章で詳しく述べたいと思います。

大地震の繰り返しモデル――固有地震モデル

このように、GR則を用いると小地震の観測から大地震の確率を統計学的に予測できます。とても有用です。しかし、GR則のa値は、同じ地域でも観測する時期によって大きく変化する場合があります。図11は信越地方と中部地方での過去一〇年間のマグニチュード別の地震数分布を示しています。信越地方では、この間、二〇〇四年新潟県中越地震(M6・8)、二〇〇七年新潟県中越沖地震(M6・8)が発生し、それらの余震活動も活発でした。したがって、大地震の発生しなかった中部地方よりも四角印群が高い位置にあります。大地震とその余震活動によってa値が大きくなったわけです。

ここで、両地域でM7以上の地震頻度をGR則から外挿してみましょう。そうすると、信越地方では一〇年に一度、中部地方では一〇〇年に一度という結果になります。信越地方ではすでに大地震が起こったにもかかわらず、M7地震の予測頻度は高いことになります。なぜでしょうか。答えは余震を観測しているからです。つまり、余震が頻発している最中に、本震が起こる確率が最大になることになります。これは真実でもあり、矛盾でもあります。真実とするのは、近傍で誘発地震が起きやすくなっていることを反映している点です。矛盾というのは、同じ断層で同じ規模の地震が再度起きることは考えにくいためです。例えば、東北沖地震直後の余震活動をGR則で表示すればM9の地震の頻度は最高となります。しかし、近い将来に同じ場所で再度M9の地震が発生するとは考えにくいところです。なお、図11には両地域の活断層も同時に示していますが、活断層数では中部地方の方がむしろ多いくらいです。

一方で、一九八〇年代に米国の地質学者から大地震の発生頻度に関するモデルが示されました。カリフォルニア州を縦断するサンアンドレアス大断層の掘削調査に基づくものです。そのモデルとは、「断層は毎回繰り返し同じ範囲が動き、同じ規模の大地震が発生する」というとても単純なものです。今ではよく耳にする説明ですが、当時は画期的なモデルだったのです。これは地表近くの断層による地層のずれを観察してわかったことで、地震学者ではなく地質学者が提案したところに意味があります。このモデルを「固有地震モデル」といいます。

なぜこのモデルが注目されたのでしょうか。それは、この固有地震の繰り返し、すなわち活断層調査からわかった大地震がGR則から予測される大地震よりも数倍以上多く発生していたからです。つまり、小地震の観測から大地震を予測するよりも、大地震を起こす断層を直接掘って調べた方が正確ということです。

その後、この固有地震モデルと、断層を横切る溝（トレンチ）を掘って過去の動きを調べるトレンチ調査法が日本に「輸入」されました。この頃日本では、地形・地質調査によって各地で活断層が発見されていました。『日本の活断層』(活断層研究会編、東京大学出版会、一九八〇年)というカタログが出版されたのもこの頃です。その流れに、この固有地震モデルとトレンチ調査法が加わり、各地で断層の掘削調査が行われ始めました。

その結果、活断層による大地震の繰り返し間隔が少しずつわかってきました。その中には現在ほとんど小地震が起こっていない断層もあります。一九九五年に兵庫県南部地震(阪神・淡路大震災)を起こした六甲–淡路島断層帯も中・小の地震がそれほど多く発生していない断層でした。しかし、当時東京大学地震研究所教授であった松田時彦先生は同断層帯を要注意断層の一つに挙げていました。地質調査と固有地震モデルに基づく評価です。地震観測のみのGR則で予測していたならば、地震発生確率はきわめて低かったはずです。「関西に地震は来ない」との思い込みも普段の地震活動が少ないからです。

この固有地震モデルはなにも陸上の活断層だけのものではありません。海溝型地震にも積極的に適用されていきました。むしろ海溝型地震の方が固有地震モデルに依存してきたと言ってもよいでしょう。海溝型地震は活断層よりも短い間隔で地震が繰り返されます。そのため、地震観測や歴史地震の中に大地震の繰り返しが記録されています。その典型例の一つが宮城県沖地震とされてきました。宮城県沖では平均約三五年で同じ規模の地震が繰り返し発生していました。また、南海トラフ沿いは西暦六八四年の白鳳地震以降に一〇〇～二〇〇年程度の間隔でM８級の巨大地震が繰り返し発生しています。南海トラフ沿いでは普段の小中規模の地震はあまり起こりません。こちらもGR則による予測に向かない典型かもしれません。

地震の統計学的性質(その2)――余震の大森公式

地震活動のもう一つの統計則として、「余震の大森公式」があります。ひとたび大きな地震が発生すると、本震を引き起こした震源断層の周辺には多数の地震が発生します。これを余震ということは第1章で記しました。その余震が発生する区域を余震域といいます。この余震域は時間の経過とともに徐々に拡大する傾向があります。逆に余震発生数そのものは時間とともに減少します。その余震活動の衰え方を表現した式を、発見者である東京帝国大学地震学教授の大森房吉《ふさきち》(一八六八～一九二三)の名をつけて、余震の大森公式と呼んでいます。これは数々の観測から得られた経験則です。大森公式では、一日あたりの余震数Nがの簡単な式で表わされます。Kとcは初期の観測から求められる定数、tは本震からの経過

$$N = \frac{K}{t + c}$$

日数です。ここでは話をわかりやすくするため、cを無視してK／tとしてみましょう。例えば本震直後一日間に観測された余震数が一〇〇個であったならば、一〇日後は一日あたり一〇個、一〇〇日後は一日あたり一個になります。この場合、K＝100ということです。本震が起こって初日に観測された余震の数が正しければ、その後は日数分の一ずつ減っていくという単純な式です。つまり、余震は瞬く間に少なくなります。GR則と同様とても簡単な経験則ですが、余震予測のための強力なツールでもあります。

ただし、余震活動にも個性があります。一般に浅い地震(震源の深さが二〇キロメートルより浅い地震)は余震が多く、深い地震は少ない傾向があります。大森公式では、余震が多い少ないという、余震の生産性ともいうべき指標をK値で表わします。最近発生した地震でいえば、一九九五年兵庫県南部地震や二〇〇〇年鳥取県西部地震では比較的余震が少なく(K値が小)、二〇〇四年新潟県中越地震はきわめて余震が多かった(K値が大)ことがわかっています。図12には東北地方太平洋沖地震のM5・0以上の余震の減衰状況を示しました。ほぼ大森公式に沿って順調に少なくなっています。大森公式において余震数は経過日数分の一で衰えていくと記しましたが、この衰えを示すのが図中の破線で示された回帰曲線です(図12)。この傾きの大きさをp値と定義し、大森公式は

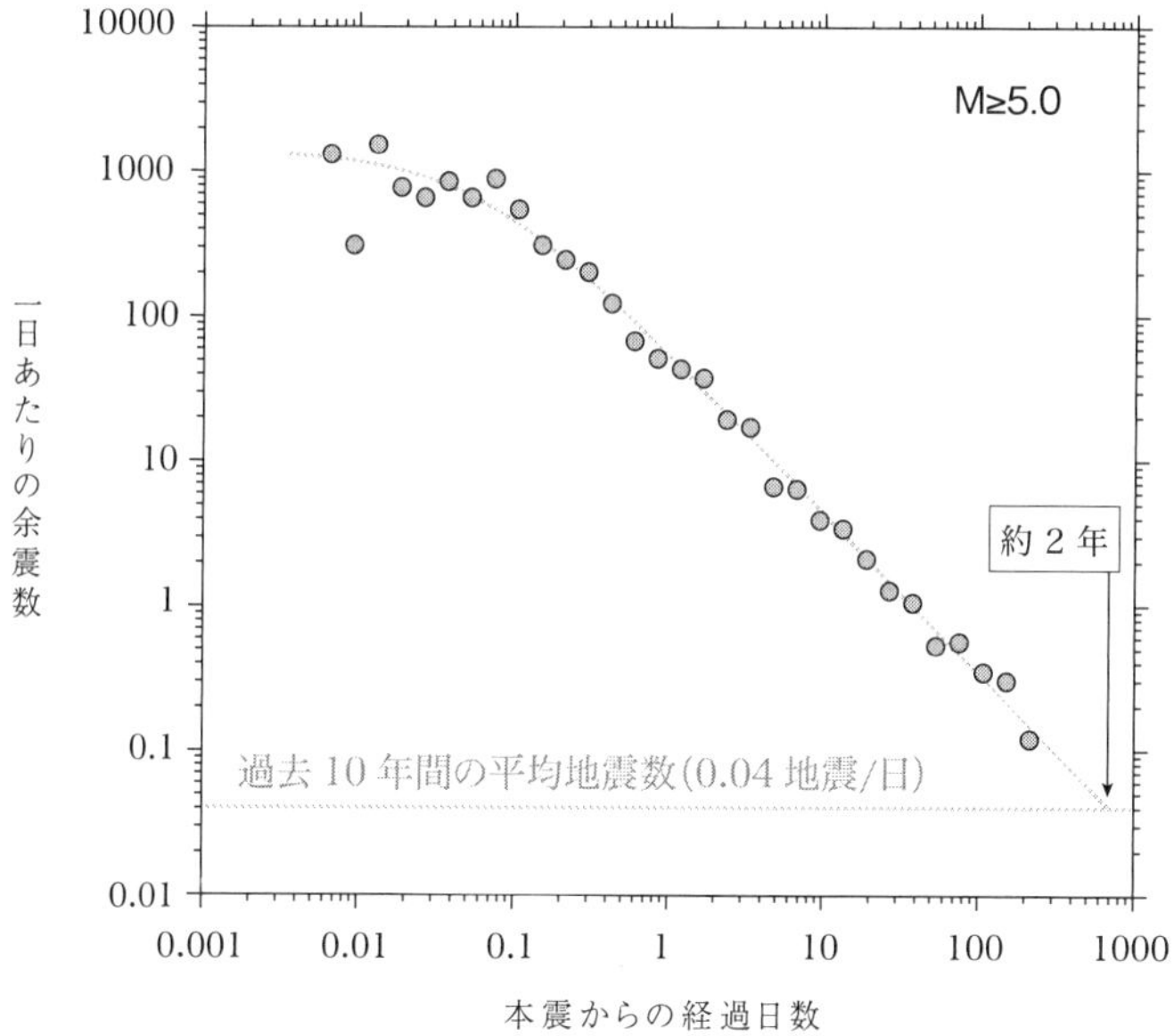

図 12 東北地方太平洋沖地震のM5.0以上の余震数の減衰．このまま推移すると，約2年で本震前の地震活動に戻ることになる．

$$N = \frac{K}{(t+c)^p}$$

と一般化できます。p値が1のときが大森公式そのものです。p値が1より小さいと減衰ペースが遅く、1より大きいと減衰ペースが速いことを意味します。このp値まで考慮した式を改良大森公式といいます。この式は当時中央気象台の技官で、後に東京大学名誉教授の宇津《うつ》徳治《とくじ》（一九二八〜二〇〇四）によって提案されたので、大森-宇津公式とも呼ばれています。

ところで、余震は大地震特有の現象でしょうか。実はそうではありません。余震はすべての地震、すなわち小・中地震の後にも起こります。つまり、M5・5でもM4でもその後に小さな地震(余震)を伴うことがわかっています。中地震が単独で起こっていれば話は単純ですが、M5・5やM4の地震はそれ自体が大地震の余震の場合もあります。そうすると、大地震の余震が中地震で、その中地震がまた余震を起こす、すなわち、「余震の余震」という現象が起きます。これらを「二次余震」といいます。東北沖地震の場合を考えてみましょう。M9・0の本震の余震、例えば本震三〇分後に発生したM7・6の最大余震も、その後その周辺に沢山の地震を引き起こしています。実際には三次余震、四次余震、と次々と連鎖することもあります。しかし、どの地震が本震によって直接引き起こされたものか、二次余震なのか区別が難しいことがほとんどです。

一般には二次余震は数が少ないので、前出の大森–宇津公式で近似・予測できる場合がほとんどです。ただし、無視できない場合もあります。その際には、大小すべての地震について大森–宇津公式を重ね合わせて、二次余震を説明します。連鎖的に二次余震が発生しやすいかどうかを統計的に説明するモデルをETASモデル(Epidemic Type Aftershock Sequence model)といい、これも日本の統計地震学者の尾形良彦博士によって考案されました。全世界で標準的に使われています(地震統計の分野では日本の研究者がいかに活躍しているかがわかると思います)。Epidemicというのは伝染病などの流行を表現する際に用いる形容詞です。したがって、ＥＴＡＳモデルは本震によって応力が伝播し、その伝播が中小の地震によっても伝わる現象を統計学的に表わしたもの、と理解してください。このＥＴＡＳモデルによって、大きな地震の余震活動が精度良く予測されるようになりました。また、余震活動中の静穏化や活発化を定量的に評価できるようになり、続発大地震の予測につながることが期待されています。

二つの統計則の組み合わせによる余震予測

余震も大きさや位置によっては、本震に劣らぬほど揺れが大きくなり、ときに甚大な被害をもたらすことがあります。前出のクライストチャーチ地震もまさに余震だったのです（正確にいえば、オフフォールト余震）。つまり、大規模余震の予測は、本震の予測と同様に減災に直結します。そのため、気象庁は余震発生確率予測を公表するようになりました。この予測値はまさに前出の二つの統計則、グーテンベルク-リヒター則（ＧＲ則）と大森-宇津公式の組み合わせで計算されています。その手順は次の通りです。

（１）本震直後の観測データから大森-宇津公式のＫ値、ｐ値、ｃ値を導き出します。
（２）その定数値から余震の減衰傾向を読み取り、ある一定のＭ以上の余震の予測数を割り出します。

(3)その小・中規模の余震数をもとにGR則によって、今後ある一定期間(例えば一週間や一ヵ月)の大余震の期待数(頻度)を計算します。

(4)この頻度を大規模余震の発生確率に変換し、該当地域の揺れの大きさの規模と頻度を検討します。

これらの過程を経て、気象庁の余震発生確率や余震に関するコメントが公表されます。余震の中で最大のものを最大余震といいます。例えば、発生から二年近くが経過した東北地方太平洋沖地震では、今のところ最大余震は三〇分後に茨城県沖で発生したM7・6の余震です。しかし、このように本震直後に発生する最大余震もあれば、一年以上経過して発生する例もあります。体感からすると、本震からの経過日数とともに、大震度をもたらす余震は少なくなります。つまり、余震のマグニチュード(M)自体が小さくなってくるように感じると思います。しかし、このことは大規模な余震が今後発生しないということではありません。

余震のMサイズが時間とともに小さくなっているように感じる理由は、余震の発生数そのものが劇的に少なくなるためです。大森公式を思い出してください。一〇日後には初日の一〇分の一の余震数になります。一方で、GR則で表わされる小地震と大地震の比率は本震直後と一ヵ月後、一年後、変わらずほぼ一定です(若干変動することもあります)。そこで、この二つの法則を組み合わせてみましょう。例えば、本震直後一日にM5以上の余震が一〇〇個発生していた場合、一〇〇日後には一個となります。GR則でb＝1の場合、M7以上の地震に関しては本震直後一個発生していたものが、一〇〇日後には〇・〇一個の頻度となります。一〇〇日後にはM7以上の大地震は滅多に発生しないことになります。すなわち、本震の経過とともにマグニチュードが小さくなるように感じるのは、多くの場合、余震数が少なくなることによる、みかけのものです。大きな余震が発生する可能性がなくなったことを意味しません。

これは「ダーツと的《まと》」の関係に似ています。的の中央を大地震、外側を小地震と想像してください。ダーツを的に向かって沢山投げることができれば、中央の的に当たるダーツの数(確率)が増えます。すなわち、大地震に遭遇する可能性も高くなります。本震直後はまさにこの状態です。本震直後は異常に多くの余震が発生するのですから、マグニチュードが大きな地震も自然に増えます。逆に、一〇〇日後は一〇〇分の一しかダーツを投げることができない状態になります。これでは簡単に的の中央を射止めることができません。ただし、ダーツの的そのものの大きさが変わったわけではありません。数少ない試投でも、まぐれで中央に当たることもあります。すなわち、一年後、二年後にたまたま最大余震が発生することも十分考えられるのです。ダーツは個々の余震、ダーツの試投数は大森–宇津公式、的の大きさ構成がGR則をたとえていると考えてください。

歪みの蓄積と解放

前述したように、地震現象ではマグニチュード（M）が1大きくなると三二倍ものエネルギーを放出します。Mが2つ大きくなると約一〇〇〇倍となります。例えば、阪神・淡路大震災をもたらした兵庫県南部地震（M7・3）の歪みエネルギーを解放するためにはM6・3の地震が三二個、M5・3の地震が一〇〇〇個あればよいことになります。M5・3程度の地震が頻発してくれれば、M7・3の地震は発生しなくてもよいことになりそうです。つまり、小さい地震がきわめて多く発生する地域では大地震は起きなくなる、はたしてそんな簡単な理屈が成り立つのでしょうか。

答えはノーです。実は大きな地震と小さな地震の役割は違っています。M7・3の地震では約五〇キロメートル程度の長さの断層が平均して二メートル程度ずれ動きます。この程度の大きさの地震になると、亀裂も何もない岩盤に突如断層が生じて地震を引き起こすことはありません。最初から大きな断層が必要です。大断層という、人間で喩えれば関節のようなものができあがっているから効率良く歪みを解消してくれるわけです。したがって、M5・3の地震を起こすような一キロメートル程度の長さの断層をばらばらに一〇〇〇個配置しても、地面が二メートル動くことはありません。すなわち、地殻に蓄積された歪みは多数のM5・3の地震ではまったく解消されないことになります。歪みの蓄積と解放という観点からは、M7・3の地震イコール一〇〇〇個のM5・3の地震ではないのです。大地震を起こすには、数十万年~数百万年といった時間をかけて発達・成長した大断層が必要なのです。

したがって、弾性歪みを解消するためにはM9の地震を起こすようなプレート境界が主導します。そして、その下にM7~8の地震を起こすプレート内部の大規模な活断層帯、さらにその下にM6~7の地震を起こす小規模な活断層というように、断層の階層性という枠組みが存在します。断層の階層がそのまま地震の階層でもあります。M9、すなわち超巨大地震のパワーはそのエネルギー以上に強力で、その役割はきわめて重要です。数少ない圧倒的な超巨大地震の断層を頂点としてピラミッド的に構成される「地震組織」「断層組織」というべき構造があると考えてください。その意味で、プレート内の小規模な活断層は歪み解消の帳尻あわせに過ぎません(それでも直下型地震なので甚大な被害を生み出します。侮れません)。その枠組みでは、さらに小さい体に感じない程度の小地震は、歪み解消というよりは歪み状態を示すシグナル的な役目を果たしています。

このように、巨大地震・超巨大地震の繰り返しに地震活動全体が支配されます。そのため、数十年から数百年オーダーの「静穏期と活動期」の繰り返しが生じることになります。次にその地震活動の静穏期と活動期について詳しく見ていきましょう。

静穏期と活動期

第1章では一つの大地震が周辺の地震活動を刺激し、次の大地震を誘発するメカニズムと事例を紹介しました。物事はバランス良くできています。ある地域で地震の危険性が高まったら、逆に地震が起きにくくなる地域も現れるのではないでしょうか。先に解説したクーロン応力変化でも、正と負の地域が同程度分布していました(図5)。クーロン応力が減少すると(変化量の符号がマイナスになると)理論的には断層が動きにくくなるはずです。はたしてそうでしょうか。

答えはイエスです。ただし、応力の減少にともなう地震活動の静穏化を証明するのは簡単ではありません。仮に普段地震が全く起こっていない、もしくは少ない地域を想像してみてください。近傍の大地震の影響で地震が増えると、活発化が簡単に実証できます。しかし、仮に地震活動が低下しても、本来地震が少ないところですから本当に減ったかどうか短期間で証明しようがありません。したがって、応力減少にともなう地震活動の低下を証明するためには、(1)通常から地震活動が活発であること、(2)大地震後長期間かけて観測・検証すること、などの条件が必要となります。第1章で示した東北地方太平洋沖地震による地震活動の低下域も(図6)、その直前に地震活動が活発だった地域でした。

(2)の長期経過観察に関して、その顕著な例として挙げられるのが米国サンフランシスコ湾岸地域の地震活動です。ちなみに、同湾岸地域は約五〇〇万人が住み、アップルやグーグルなどのIT企業が群雄割拠するシリコンバレーとして有名です。私も一年半暮らしたことがあります。東京と違い普段揺れを感じることはほとんどありませんが、一九〇六年にはM7・9のサンフランシスコ大地震で当時のサンフランシスコ市は甚大な被害を受けました。同市を縦断するサンアンドレアス断層が四〇〇キロメートルにもわたって最大八メートルずれ動いたことが原因です。当時の写真を見ると市の一部が廃墟となり、さながら関東大震災後の東京に似ています。

その頃の被害地震はこのサンフランシスコ大地震だけにとどまりませんでした。この一九〇六年の大地震前の七五年間には実に一四個ものM6以上の地震が発生しました(図13上段)。一八四八年に始まったゴールドラッシュで賑わい栄えた町を次々と地震が襲っていきました。しかし、一九〇六年の大地震後同じ七五年間をみると、被害地震はわずか一つです。この極端な地震活動のコントラストはどのようにして生まれたのでしょうか。米国地質調査所(USGS)の研究者たちは、この静穏化の原因がサンフランシスコ大地震による影響と結論づけました。つまり、一九〇六年以降の地震活動の顕著な静穏化はサンフランシスコ大地震に

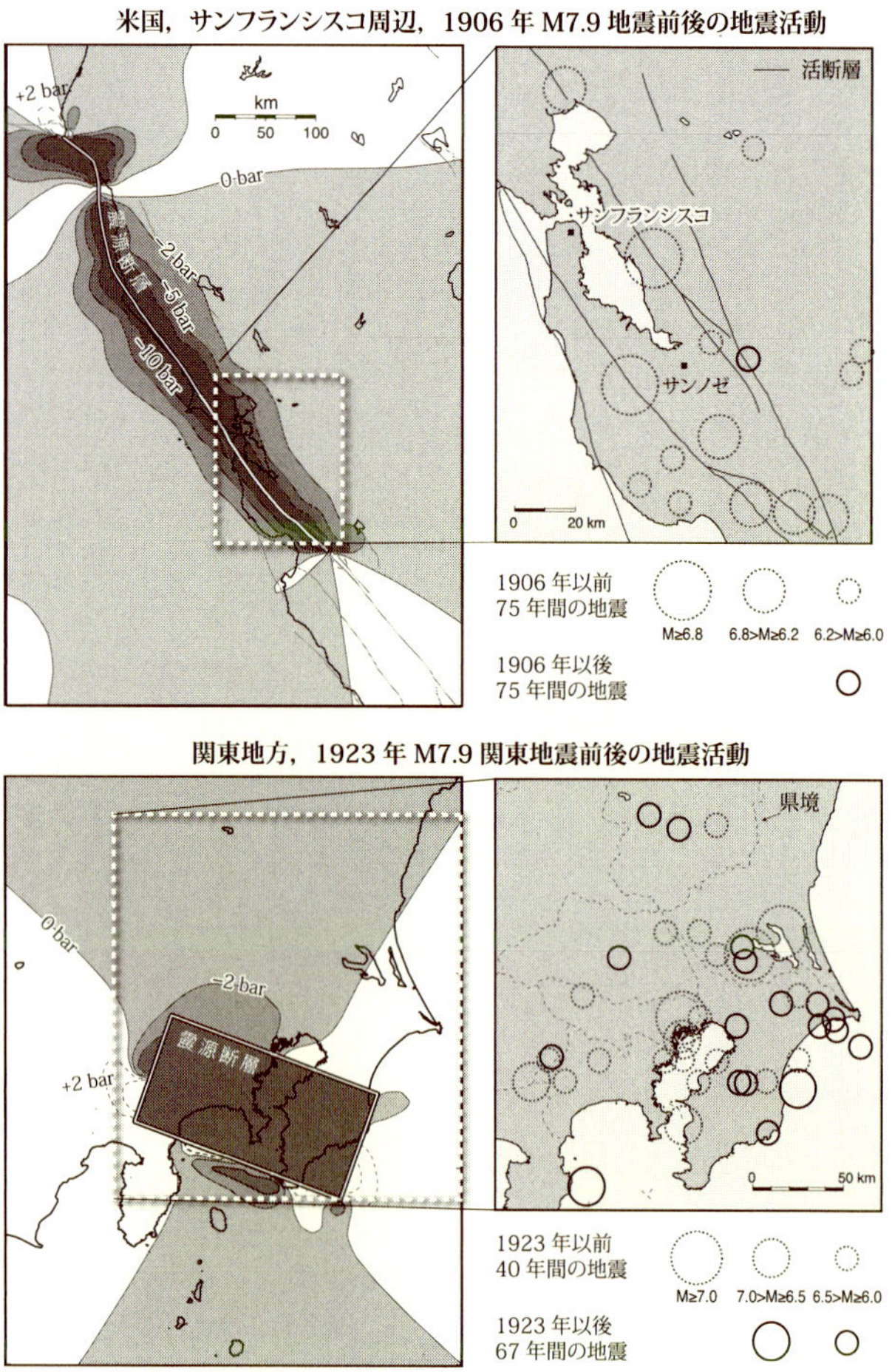

図 13　大地震後の地震活動の静穏化．上：活発だったサンフランシスコ湾岸地域の地震活動は 1906 年サンフランシスコ大地震によってその後静穏化した．左は震源断層の動きによって低下した応力分布．下：1923 年大正関東地震によって低下した応力(左)と静穏化した南関東の地震活動(右)．

よって、周辺断層にかかる応力が減少した、すなわち断層がリラックスしたことが原因だったわけです。図13のように、湾岸地域は一九〇六年の大地震による応力低下域にすっぽり入っています。このように、応力減少によって地震活動が低下する現象や地域を、我々研究者は「ストレスシャドウ(stress shadow、応力の影)」と呼んでいます。

ストレスシャドウは、関東地方の地震活動にも適用できるようです。図13下段は、関東地域のM6以上の地震活動を一九二三年のM7・9の関東地震(関東大震災)の前後で比較したものです。関東地震後にはサンフランシスコの例と同様に被害地震の数がそれ以前に比べて極端に少ないことがわかります。関東地震によるクーロン応力変化を計算すると、同地域で応力が大きく減少していることがわかりました。関東地震による被害は甚大でしたが、周囲に蓄積されていた歪みを一気に解消してくれたことも事実です。高度成長期に合わせて首都圏の地震活動の静穏化が起きてくれていたことは日本人にとって大変幸運なことでした。

このように、プレート境界沿いでは一つの巨大地震により効率的に応力解放が生じストレスシャドウとなります。そのため、周辺の地震活動にオンオフの切り替えが起こるようです。巨大地震、超巨大地震の繰り返しが全体の地震活動を支配しているのです。

3 傷だらけの日本列島

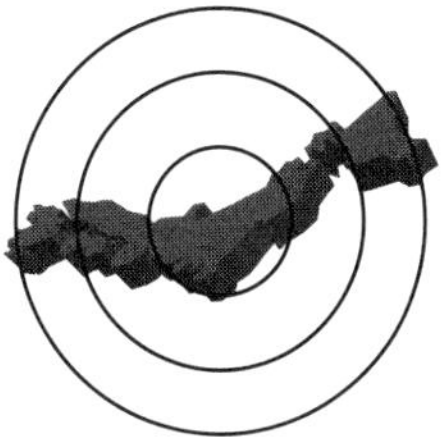

薄皮一枚の脆い大地

第2章では地震の統計学的性質、地震の繰り返し、歪みの蓄積・解放プロセスを説明してきました。東北地方太平洋沖地震後の地震活動を考えるには、日本列島全体の地震発生の仕組みを理解する必要があります。この章では、どのような場所で断層が発達し、地震が起きるのか、少し詳しく見ていきましょう。

まずは、前出の防災科学技術研究所のＨｉ－ｎｅｔの自動処理震源マップ（http://www.hinet.bosai.go.jp/hypomap/）をインターネットで再度表示してみてください。海溝から少し陸よりでは数十キロメートルもの深さで地震が発生していますが、日本の内陸では震源の深さが二〇キロメートルよりも浅いことがわかります。これは、内陸での地震発生深度の限界を示しています。すなわち、地殻がバリバリと破壊する、いわゆる脆性《ぜいせい》破壊を起こす深さを表わしています。断層運動、すなわち地震を起こす深さはプレート内部では約二〇キロメートルが限界です。日本列島では地熱地帯を除き、地下に一〇〇メートル掘り進むと約三度(摂氏温度)温度が上昇します。これを地温勾配といいます。日本列島内陸の地下には花崗岩が広く分布します。この花崗岩に含まれる石英や長石は約四〇〇度までは脆性破壊を起こしますが、これを超えると受けた圧力を弾性歪みとして蓄積することができません。ドロドロと水飴のようにゆっくり流れるように変形し、もとの形に戻ることはありません。これを延性変形といいます。六五〇度を超えると完全に延性変形となります。すなわち、脆性破壊から延性変形へ遷移する深さは一三〜二〇キロメートルということになり、約二〇キロメートルよりも深くなると地震が発生しなくなります。

いくら狭くて細長い日本列島といえども、その幅は三〇〇キロメートル前後はあります。厚さがわずか二〇キロメートルで拡がりが三〇〇キロメートルですから、地震を発生できる地殻の層は薄いガラスの板のようなものです(図14。これを専門用語で「地震発生層」といい、ほぼ地殻の上半分、すなわち上部地殻に相当します)。その薄い板が側方から動いてくる太平洋プレートやフィリピン海プレートからの圧力を受けると、易々と割れてしまいます。これが陸地に活断層が発達する仕組みです。正月の焼き餅を思い浮かべてください。美味しい焼きたての餅の内部はアツアツ・ドロドロで、外側は冷えて固まってこんがりパリパリの状態で

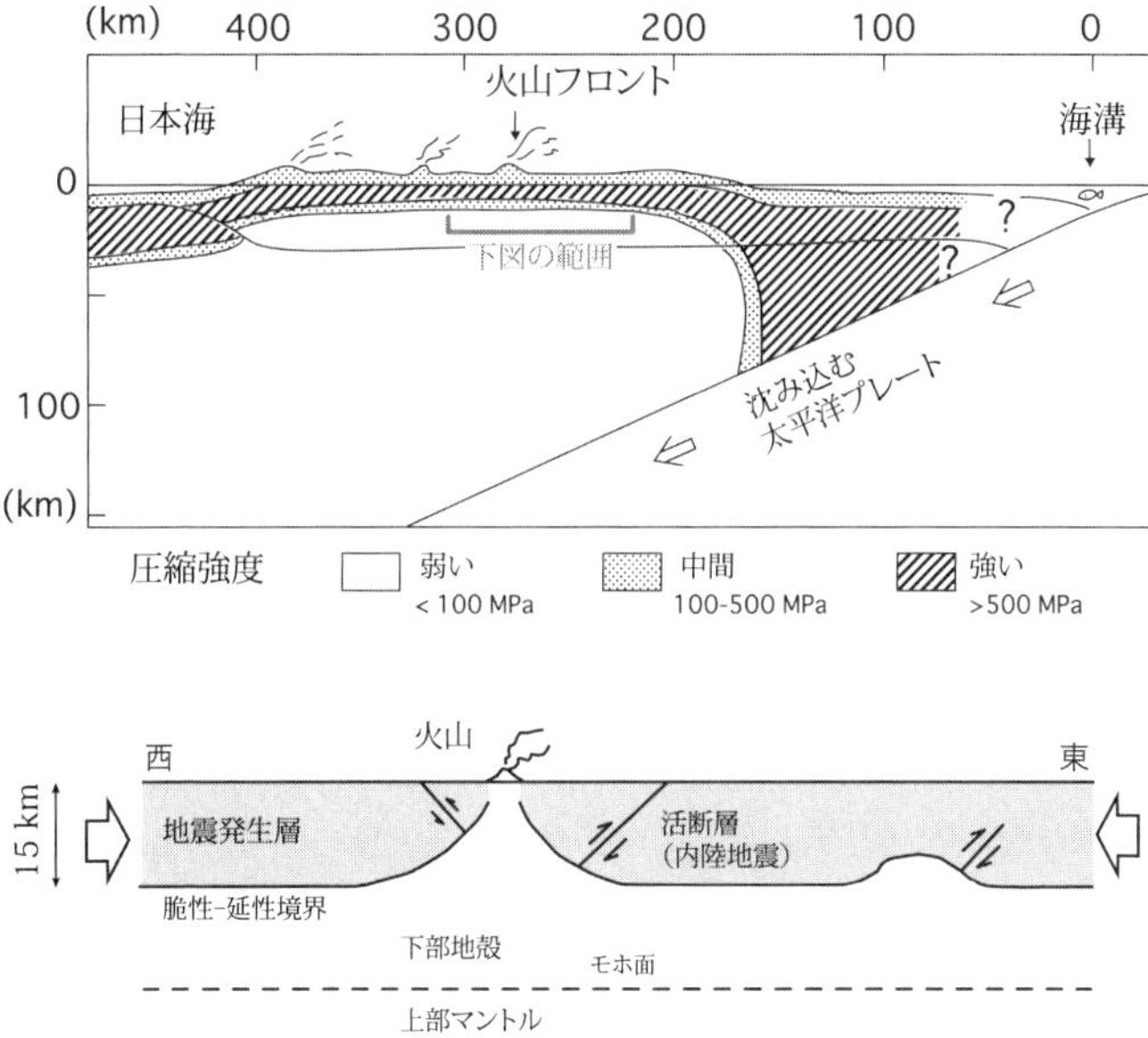

図 14 日本列島の強度横断面(嶋本論文，および，長谷川論文による)．

す。まさに日本列島の地殻はこの焼き餅の状態だと考えればよいのです。このパリパリの部分(地殻の上部)で地震が発生しています。

日本列島は火山列島でもあります。火山の周辺ではこの地温勾配が大きく、少し地下を掘り下げただけですぐに高温に達します。したがって、火山の周辺では地震発生層が薄くなっています。板状の地震発生層がさらに薄くなると、さらに割れやすくなることは容易に想像できますね。そのため、火山周辺では小さな活断層が多数分布します。

地震も発生しやすいのです。ただし、地震発生層が薄いと、弾性歪みを蓄積・放出する断層も小さくなり、それだけ地震の規模も小さくなります。実際、火山の近傍では地震の大きさは限られてきます。火山から約一〇キロメートル以内ではM6以上の地震は発生しないという研究報告もあります。つまり、火山の近くでは大きな活断層が発達することは少ないようです。

逆に火山や地熱地帯から遠い場所や冷たい海洋プレートが沈み込む部分では、プレートの強度は高くなります(図14上)。そのため、適度に地震発生層に厚みがある地域に大きな活断層が分布します(図14下)。

地震発生層の内部では、最下部付近、すなわち深さ一〇~二〇キロメートルで断層の強度が最大になります。深いほど地表からの岩石の加重圧(封圧)が大きくなるためです。強度最大ということは歪みのエネルギーを最も溜めている深さでもあります。一度断層運動が起きると破壊(ずれ)は強度の高い部分から低い部分に簡単に拡大します。しかし逆の場合は、破壊が止まることが多くなります。すなわち、浅いところから断層が動いても深い部分までずれが広がることは少ないのですが、深さ一〇~二〇キロメートルから断層のずれが始まって浅い部分に伝播することは簡単です。したがって、内陸直下型の大地震の震源の深さ、すなわち断層が動き始める深さは、通常一〇~二〇キロメートルになります。

変動帯としての日本列島の歴史と甦る断層

第2章で地震規模と断層の大きさが比例することを示しました。地震発生層は厚さがわずかに一〇～二〇キロメートル程度です。そのため、地震が大きくなると、すなわち断層が大きくなると断層は地震発生層を突き破ります。このとき、断層が地表に顔を出します。まさに地震を起こした断層である「震源断層」が地表で観察できます（第1章図8）。このように地表に現れた断層とそのずれを「地表地震断層」、もしくは単に「地震断層」といいます。日本列島の場合、地震のタイプや地表の地質状況にもよりますが、多くの場合M6・8以上の直下型地震で地震断層が出現します。

地震断層は一回の地震によって生じるものですが、これが数万年～数十万年かけて何度も同じ動きが繰り返されると、断層が数メートル～数百メートルもの比高《ひこう》（ある地域内の地表の最高点と最低点の高さの差）をもつ崖や谷を作ります。盆地と山地の大地形の分化にも繋がります。東北地方がその典型です。東北地方の盆地と山地の境界のほとんどで逆断層が分布しています。中部地方以西では谷や尾根が横にずれている地形も多くみられます。このように地震（断層運動）の繰り返しによって、地形から活断層が認識されるようになります。したがって、活断層を探すことによって、将来のM6・8以上の直下型地震の震源位置を予測していることになります。

ところで、割れ目も何もない岩石を破壊するには膨大な力が必要です。しかし、あらかじめ岩石中に割れ目(断層)が存在すれば、わずかな力でずれが生じます。また、断層がずれ動けば動くほど、断層面の摩耗が進み平滑となり、すべりやすくなります。すなわち、何度も動いてきた断層ほど、弱い力でずれ(地震)が生じることが理解できると思います。実際に活断層沿いの岩盤露頭を見ると、断層は直線的(三次元的には平面)に見えます。また、断層沿いは長年の動きで生じた摩耗物質である粘土(断層粘土、断層ガウジともいう)や周辺の岩盤が破壊されてできた角張った破砕物(断層角礫)で充塡されています。これらは周囲の岩盤と違って固結しておらず、ナイフやねじり鎌などで簡単に削ることができます。断層粘土を丁寧にはがすと、鏡のようなテカテカのすべり面(鏡肌)や、断層を挟んで片側の岩盤が反対側の岩盤をひっかいた傷(条線)なども観察できます。断層運動を繰り返しながら摩耗が進み、断層自体を弱くしていった状況がわかります。

日本列島は長期間プレート境界に近い変動帯に位置してきました。古くは古生代ペルム紀(約三億～二・五億年前)から海洋プレートが運んでくる堆積物や海山がたびたび衝突し、列島に地層がくっついてきました。これを「付加」といい、中生代から現在にかけて断続的に付加作用が繰り返されて列島が成長していきました。特に西南日本ではこのように付加した堆積物（付加体という）が帯状に分布します。南からやってくる海洋プレートから順次もたらされるので、南下するほど新しい地層が観察できることになります。これら付加体は海底地すべりによって堆積した泥と砂の互層《ごそう》（二種以上の岩石が交互に重なってできている地層）からなります。

また、無数の断層と褶曲も観察されます。海底地すべりは主として地震動によって生じたもので、断層と褶曲はプレートの沈み込みにともなう地層の変形によるものです。まさに、過去何度も繰り返された南海巨大地震の化石です。これらの堆積・付加作用と同時に、火山活動も過去四億年以上にわたって活発に繰り返されてきました。さらに、二五〇〇万年前～一五〇〇万年前頃に起こったとされる日本海の形成と拡大、約一〇〇〇万年前頃に起こった本州への伊豆半島の衝突など、日本列島を大きく曲げる地学イベントも発生してきました（日本列島の詳しい地史などについては、『日本列島の誕生』平朝彦著、岩波新書などを参照してください）。そのため、日本列島上で継続的に安定していた地域は皆無です。日本列島内部は、変動の痕跡、まさしく古傷だらけの状態といえます。

一方、日本列島周辺のプレートの動きの変化に伴って、列島にかかる力も年代を追って変化してきました。現在を含め第四紀といわれる約二〇〇〇万年前以降は、おおむね東から西に向かって沈み込む太平洋プレートの影響を受け、列島は東西に圧縮されています。そのため、その圧縮力を解消するために最適な断層が選択的に動いています。東北地方では、日本海溝と平行な南北に延びる逆断層、中部日本では北東-南西走向の右横ずれ断層と北西-南東走向の左横ずれ断層、近畿地方とその周辺では、この二つが混在したように活断層が分布します。フィリピン海プレートの上に乗る伊豆半島は本州に衝突して、南から本州を突き上げています。そのため、南北の圧縮力が働き、北西-南東走向の右横ずれ断層と北東-南西走向の左横ずれ断層が多く発達します。一方で、九州は列島でも特殊な環境下にあります。別府から島原にかけて北西-南東方向に引っ張りの力が働いていて、火山地帯に沿って正断層が発達しています。前述したように、火山地域に分布する断層は個々には長くないのですが、群れをなすのが特徴です。

これらの活断層のなかには、第四紀になって新たに生じた断層もあります。しかし、大断層の多くは、第四紀より前に誕生した断層の再活動、すなわち「再利用」です。「甦った断層」といってもよいでしょう（『甦る断層』金折裕司著、近未来社に詳しい解説があります）。人間にたとえれば、「古傷が再発した」というところでしょう。この再活動で興味深いのが、断層がこれまでとは逆に動くという現象です。東北地方では、新第三紀中新世という地質時代に日本海が形成・拡大し、それに伴って地殻が引っ張られ、多くの正断層が形成されました。その正断層が、第四紀になって東西から圧縮されるようになると、その圧縮力を解消するように逆断層として動いていることがわかっています(これを「反転テクトニクス」といいます)。二〇〇四年新潟県中越地震、二〇〇七年能登半島地震、二〇〇七年中越沖地震などはそのような反転テクトニクスによる地震でした。実は中部地方から中国地方の横ずれ断層にもそのような反転テクトニクスが確認されています。例えば、四国から紀伊半島に分布する中央構造線は現在は右横ずれ断層です。しかし、数千万年前以前には左横ずれ断層だったことがわかっています。

内陸直下型地震を引き起こす活断層

活断層から発生する地震とプレート境界から発生する地震、ともに同じ断層運動です。違いは何でしょうか。もちろん、動きの速さ、すなわち地震を繰り返す間隔が両者で大きく違います。活断層は活発なものでも一〇〇〇年弱に一回、多くは数千年~数万年間隔で動きを繰り返します。プレート境界地震の数十年~数百年の繰り返しと比べて、とてもゆっくり休み休み動きます。

一方、活断層は有限の長さですが、プレート境界は無限ではないものの延々と連続します。そもそも活断層は数メートル~数キロメートルのスケールでも、とぎれとぎれとなります。したがって、長さを厳密に定義することが難しいのです。しかし、末端が存在することは明確です。活断層にも、隣り合う活断層が一緒に動いて一つの地震を起こす、いわゆる「連動」型地震は存在します。しかし、断層末端を超えてずれが連続することはありません。日本列島の多くの活断層の長さは数十キロメートル以下です。そのため、想定される規模がM8を超える地震はきわめて希にしか起こりません。例外は、別府湾から四国、和歌山県へと東西に延びる中央構造線活断層帯（長さ約五〇〇キロメートル）と、本州を南北に分断する糸魚川-静岡構造線活断層帯（長さ約一五〇キロメートル）です。両断層帯ではM８超の地震が危惧されています。

「活断層は数千年〜数万年間隔で大地震を起こすので、我々は滅多に大地震に遭遇しない」と侮ってはいけません。個々の活断層の長さは有限ですが、集団としてみるとネットワーク状に分布が拡がる特徴があります。また密に分布する地域もあります。そのため、ある一つの地域に注目すると、プレート境界に比べて地震を発生させる断層数が圧倒的に多いのです。日本列島でこれまでに発見された活断層（一部は推定）は二〇〇〇を遥かに超えます（『新編日本の活断層』による）。例えば、平均として一つの活断層が二万年に一度M７・３の地震を起こすと仮定しましょう。そうすると、20000年÷2000個となり、日本列島で一〇年に一度の頻度で直下型地震が発生することになります。ちなみに、過去九〇年間に列島陸域で発生した直下型地震の数は、M７以上で年平均〇・一個、M６以上で年平均〇・八個です。すなわち、

M7以上の地震は一〇年に一度、M6以上の地震はほぼ毎年発生していることになります。さらに、日本列島は台風や洪水など、侵食や堆積作用が盛んな土地柄です。断層地形が消失されやすい傾向があります。見つかっていない活断層は数千以上にのぼると考える研究者もいます。本当だとすると、この計算よりもさらに頻繁に直下型地震が起こることになります。

一方、活断層に比べてプレート境界地震は短い間隔で頻繁に繰り返されます。その理由は、地殻の歪む速さだけではなく、断層面の強度も関係しています。同じ断層運動でも、活断層は地下の同じような岩盤どうしが擦れ合っていますが、プレート境界は過去海底に露出していた海底面そのものが断層面になっています。その海底面には砂泥が厚く堆積しています。水分も多く含んでいます。この堆積物が陸側プレートとサンドイッチされて断層面に挟み込まれ、海洋プレートと一緒に沈み込みます。これが断層を弱くする、すなわち滑りやすくすることに一役買っています。一方で、海洋プレート上にある海山や海底地形の凹凸がそのまま陸側とのプレート境界に入り込むので、局所的に強度が高くなる部分も存在します。海山のなかには富士山よりも高いものもあり、それをプレート境界に押し込んでいくにはかなりの困難を伴います。海山の沈み込みによって、陸側のプレートの一部が壊れたり、海底斜面の地形が大きく変化したりすることもあります。東北沖地震では断層の一部が五〇メートルもずれ動きました。これは沈み込みに障害となっていた海山付近で大きなずれが生じたためと考える研究者もいます。いずれにしても、プレート境界面は強度のコントラストが大きいのです。

摩擦力が小さくて普段からずるずるすべっている部分は、わずかな歪みの変化に敏感です。そのため、大地震の前兆が捉えられるのではと期待されています。しかし、活断層はそのような特徴がありません。普段から断層自体がかっちり固着しています。普段から地震を起こさずゆっくりとすべる動きをクリープ現象といいます。このクリープ現象はサンアンドレアス断層やトルコの北アナトリア断層の一部には認められていますが、日本列島の活断層においては、はっきりと観測された例はありません。したがって、活断層から発生する直下型地震に関しては、プレート境界面に比べて地震予知はさらに難しいと考えます。

地震防災という立場からみた活断層とプレート境界の重要な違いは、震源断層から生活圏までの距離です。活断層による地震は内陸直下型です。地表から断層までの距離が数キロメートル以内です。まさに地面に埋められた時限爆弾が炸裂したような状態になり、局所的に激震(震度7)に見舞われます。一方で、プレート境界地震は地震規模の割には激震が生じる地域が少なくなります。震源がやや深く、一般に人口密集域から離れているためです。また、活断層による地震の場合は震源からの距離が短いので、あっという間に主要動(S波)が到達します。断層に沿う地域では身構える時間がほとんどありません。したがって、津波のように避難する時間はなく、緊急地震速報は多くの場合、主要動到着の後に流れてしまいます。そのような厳しい現実があります。

もう一つの違いは地震を引き起こす断層のずれ、すなわち地震断層が直接地表に現れるか、それとも海底かどうかです。海溝型地震では、地震断層は海底に出現します。そのため、海水に直接動きを伝達し、それが津波の原因となります。しかし、陸上に地震断層が出現することはありません(例外的に、プレート境界から分岐した断層が陸に出現することもある)。一方で、活断層型地震の場合、地震規模がM6・8程度よりも大きくなると、多くの場合地震断層が地表に出ます。その際に、建物などが断層沿いに存在すると、地震の揺れではなく断層沿いのずれによって倒壊する危険性があります。地震動には持ちこたえたけれども、断層のずれによって傾いたり倒壊した建物の例は数多くあります。例えば、一九九九年に台湾で発生した集々地震(M7・3)では断層上にあった校舎が倒壊しました。さらに、ダムが決壊寸前になるなど、断層のずれによっても大きな被害が出ました。また、二〇〇八年の中国四川大地震(M7・9)でも、約三〇〇キロメートルにわたって地震断層が出現し、断層のずれによる校舎などの中層建築物の倒壊が報告されています。

第一級の活断層であるサンアンドレアス断層が分布する米国カリフォルニア州では、州法として「活断層法」が定められています。正確には、Alquist-Priolo Earthquake Fault Zoning Actと呼ばれます。これは、活断層から両側それぞれ五〇フィート(約一五メートル)内には新しく住宅を建ててはならないとする法律です。

カリフォルニア州の活断層はクリープ現象をともなったり、数十年に一度動いたりなど、活動的な断層が多いのですが、日本ほど分布密度が高くありません。日本列島には前述のように二〇〇〇以上もの活断層が分布します。ただでさえ国土が狭い日本国です。カリフォルニア同様の活断層法を制定すると、居住可能な場所がさらに狭くなります。また、日本の場合、数千年〜数万年ごとに動く活断層が多いので、現実問題として地面がずれる確率はきわめて小さくなります。そのため、カリフォルニアと同様の法律を適用することに私は反対です。しかし、災害時の避難場所にもなり、普段から多数の人々が集まる学校や病院、高層ビルなど重要構造物は別途考慮する必要があるでしょう。

4 今後どうなる列島の地震活動

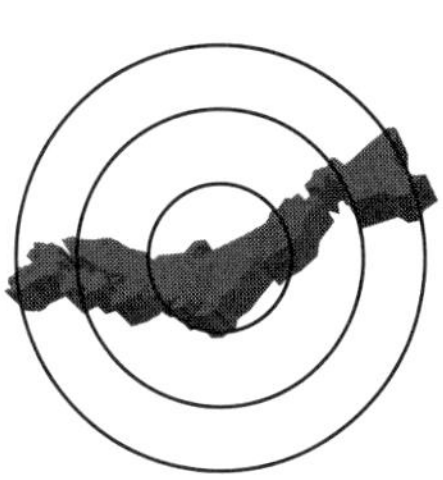

予知可能と説明可能の大きな隔たり

すでに第1章で東北地方太平洋沖地震の発生経緯から発生後の地震活動を説明しました。現状の地震学では、すでに起きた現象への説明は、ある程度可能なレベルまで到達しています。例えば、本震直後から茨城・福島県境で正断層型の地震が多発しましたが、これは巨大地震によって東西圧縮から東西引っ張りに力の向きが変わったことで大方説明できました。しかし、振り返ってみて、本震直後にこの地震活動を予測できたでしょうか。いわき市で一ヵ月後にM7・0の直下型地震が起こるなど誰も予測していませんでした。自戒の意味も込めてあえて記しますが、地震活動が予測可能であるとする研究報告の大半は、すでに起きた地震を振り返ったものです（英語で retrospective forecasting、回顧的予測、事後予測といいます）。本当の意味での予知・予測は、事後予測とは比べものにならないほど難しいのです。

ところで、従来の地震予知楽観論は、物理学にたとえるとニュートン力学のようなものです。ニュートン力学では、物体に位置と運動量を与えれば将来の運動は簡単に予測できます。地震現象に置き換えてみると、断層の分布・特性と歪み蓄積量などがわかれば、地震がいつどの大きさで起きるかがわかる、ということです。決定論的な考え方です。しかし、私は地震は量子力学的なものだと理解しています。原子や分子、電子などを取り出して、個々の動きを正確に予測できないように、地震も無数にある断層の動きを個別に予測することはできないのではないでしょうか。かわりに、地殻の応力状態や地震の起こりやすさなどを、大局的かつ統計学的に評価することは可能だと考えます。すなわち、地震活動が今後どのように推移しそうかという予測は立てられますが、特定の地震の規模と場所、発生時刻を正確に予知できるようになるとは思えません。

これは落雷の例にも似ています(Beroza & Kanamori, 2007)。地震も落雷もゆっくりと蓄積したエネルギーが突如として解放される現象です。雷は雲の中で氷粒子の摩擦で帯電した電荷が突然放電されます。電荷の蓄積は一日以内で、放電はわずか一万分の一秒の瞬間的なものです。雲から地上に落雷を発生させるためには、最初に伝導パスに順次イオン化現象が生じなければなりません。すなわち電気回路が直前に瞬間的に発生します。これが地震でいうところのずれ始めの地点(震源核)の形成とその後の破壊の進展に相当します。このように、瞬時に起こる準備過程を予知できなければ個々の落雷を予知できないように、地震も具体的な短期予知はきわめて難しいと思います。ただし、落雷が起こりやすい状態というのはわかります。竜巻発生なども状況は似ています。ピンポイントで予知はできないけれど、注意報や警報を出すことは可能です。

終息を遅らせる余効変動

東北地方太平洋沖地震の話題に戻りましょう。前述したように、この地震では前代未聞の著しい地殻変動がわずか三分間で生じました。ところが、東北地方の地面はその後も静止したままではなく、ほぼ地震時と同じ向きにゆっくりと動いてきました。牡鹿半島は、きわめてゆっくりですが未だに東に移動しています。震災前には同半島は西に向かって少しずつ動いていたわけなので、震災前の状態には戻っていないことになります。

このような大地震後のゆっくりとした地面の動きを「余効《よこう》変動」といいます。特に本震直後に余効変動のスピードは速く、その後急激に衰えていく傾向があります。これまで世界各地で発生したM8〜M9の地震後にも著しい余効変動が観測されています。東北沖地震では、地震後一年四ヵ月の間に東北地方〜関東地方はおおむね東に移動しています。その量は岩手県下閉伊《しもへい》郡山田町で最大で、八五・八センチメートルにも達します。また、余効変動の影響は、地震時の変動よりも広範囲にわたっています。図1と図15を比較してみてください。関東地方では千葉県銚子市で四五・九センチメートルに達する大きな変動が観測されています。銚子では地震時の移動量は四〇センチメートルでしたから、一年四ヵ月でそれを上回っています。この余効変動の動きを時間経過でみると、地震直後が圧倒的に速く、その後徐々に動きが鈍っています(図15右下)。対数関数で近似できることがわかっています。

上下の動きに関しては、地震時には太平洋岸全域で沈降しましたが、宮城県以南でその後わずかに海岸線が隆起しています。例えば銚子では、地震時に一五センチメートル地面が沈降して、その後ゆっくりと九センチメートル隆起しています(図15右下)。国土地理院によると、これらの余効変動の原因は、震源断層とその周辺で「余効すべり」が起こっているためだと推定されています。

余効すべりとは余効変動を引き起こす原因となる断層運動です。本震で大きくずれ動いた断層とその周辺部分が地震を起こさずゆっくりとずれるものです。今回の地震の場合は、本震後も青森沖〜房総沖にかけてのプレート境界が一〇〇キロメートル以上の深さまでずるずると滑っているようです。ずれ量は最大三メートルにも達すると推定されています。そのずれの量と断層の拡がりから、既にM8・6地震相当のエネルギーが本震の後に解放されたようです。特に、本震で大きくずれ動いた部分を取り囲むように、その後ずれが進行していま

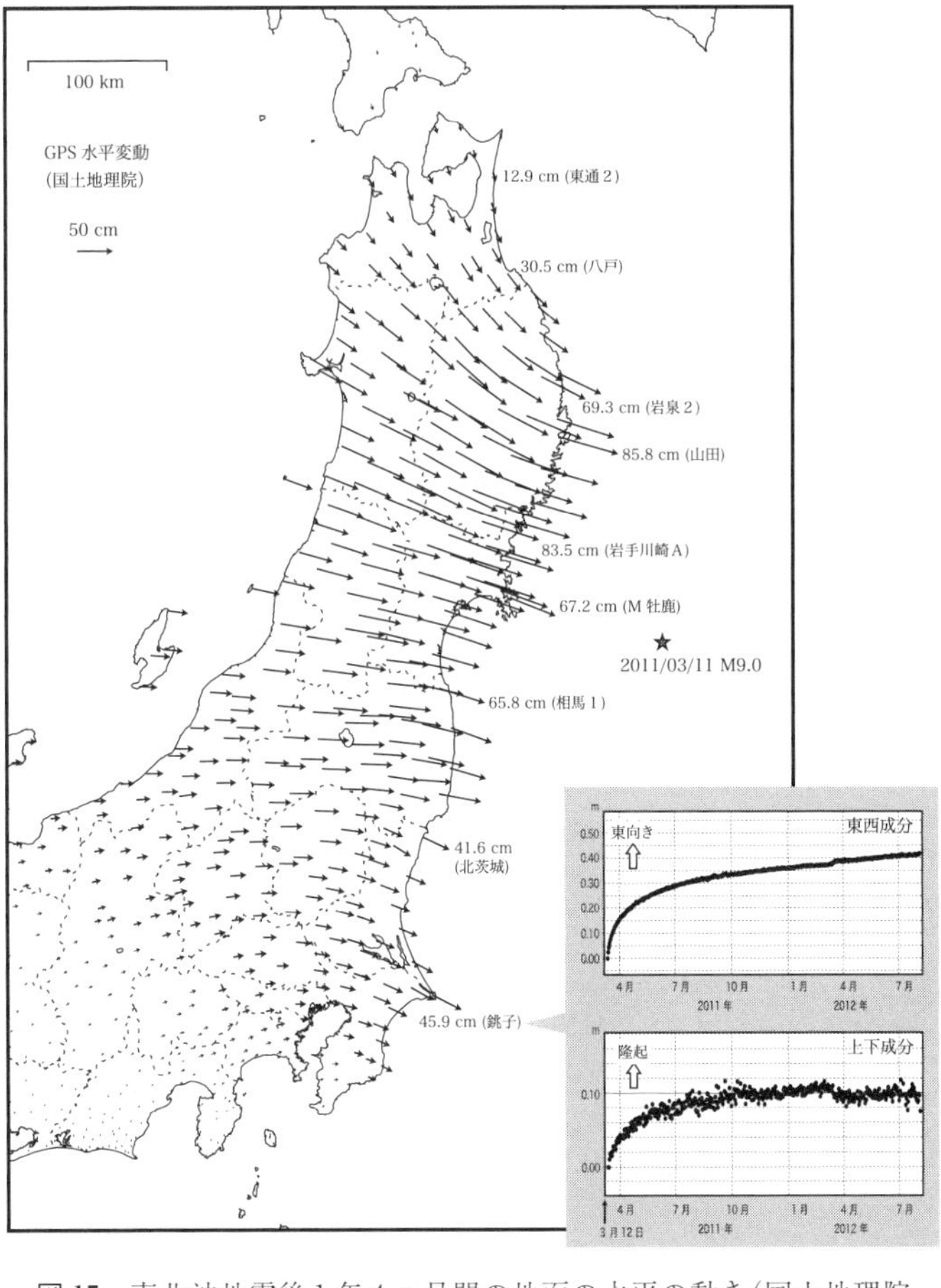

図 15 東北沖地震後 1 年 4 ヵ月間の地面の水平の動き(国土地理院による). 右下の図は, 3 月 12 日時点での銚子の電子基準点の位置をゼロとした.

す。

銚子のように、地震時の動きよりも余効変動の総量の方が大きな地域も現れています。銚子の場合は、震源域の南延長部の房総半島東方沖でゆっくりとした地殻変動が続いているためと考えられています。第1章で記したように、隣接するプレート境界への応力伝播にともなうものです。この現象によって伝達された応力が徐々に緩和していればよいのですが、もし房総半島沖で弾性歪みが十分蓄積しているような固着域があれば、今後新たな大地震が発生する恐れがあります。

この余効すべりが発生している間は、少なくとも東北地方へ働く力の向きが震災前の状態に戻っていないことを意味します。太平洋プレートと陸側のプレートの境界が固着していないどころか、逆に広い範囲で《ゆるゆる》の状態が続いているといえます。

過去の超巨大地震の余効変動

さて、この余効変動はいつまで続くのでしょうか。いつになったら、震災前の大地の動きに戻るのでしょうか。現在進行形の余効変動から傾向を読み取ることで今後を予測することも可能ですが、過去の超巨大地震から学ぶことも重要です。

二〇〇四年一二月二六日インドネシア、スマトラ沖地震は発生から八年以上が経過しました。同地震は近年発生した超巨大地震ということもあり、その余効変動の観測と研究が多角的に行われています。GPS観測だけではなく、地殻変動にともなう物質移動によって生じた重力場の変化なども調べられています。それらの研究報告によると、明瞭な余効すべりやプレート境界深部での粘弾性効果の影響が出ています。粘弾性とは、物質に加えた力を解放してもすぐに元に戻らず、ゆっくりと回復するような性質をいいます。低反発枕を押した場合を想像するとわかりやすいと思います。スマトラ沖地震の震源域周辺ではまだまだ余効変動が継続しているようです。本震発生から数年程度では収まる気配が見られません。

では、発生から約五〇年経過したアラスカ地震（一九六四年、M9・2）やチリ地震（一九六〇年、M9・5）はどうでしょうか。アラスカ地震は太平洋プレートが北アメリカプレートに沈み込む地域で発生した地震です。震源断層の大きさは長さ八〇〇キロメートル、幅二五〇キロメートルもの巨大なものでした。ずれの量も平均一〇メートル以上だったと推定されています。東北地方太平洋沖地震と同じく、地震の際は海岸線が最大二〇メートルも海側に大きく移動しました。もちろん、巨大地震前はプレートどうしが固着していたと考えられ、東北と同じく陸側にゆっくりと地面が移動していたわけです。しかし、一九九三年から実施されているGPS観測では、いまだに海岸地域が海側にわずかに移動していると報告されています。また、地震時に沈降した島々や半島がその後隆起に転じているのは、余効すべりや下部地殻・上部マントルの粘弾性効果によると指摘されています。五〇年近くたった現在でもまだ超巨大地震の影響が残っているようです。

一方、チリ地震は複雑です。公表された二〇〇〇年代のデータからは、海岸線の地域は陸側に、内陸側の地域は海側に移動しています。前者はプレートが多少固着を始めていること、後者はチリ地震の余効変動が続いていることを意味します。ただし、二〇一〇年には一九六〇年チリ地震の北隣でM8・8の巨大地震が発生しました。公表されたデータには二〇一〇年地震に結びつく歪みの蓄積もあったようです。したがって、アラスカ地震ほど単純ではありませんが、チリ地震でも余効変動が幾分続いていることは間違いないようです。上下変動に関しては、一九九二年に発表された論文では震源に近い地域で地震後年間七センチメートルも隆起していることが確かめられています。これは通常のプレートの固着状態では考えられないほど速い隆起速度です。

以上のことから、過去の超巨大地震を調べる限り、東北沖地震の場合も今後数十年間は余効変動が続くと予想されます。震災前の状態にはすぐには戻らないようです。我々が生きている間は、残念ながら「地殻変動に復興はない」と考えた方が良さそうです。

アウターライズ地震・スラブ内地震への警戒

図2を再度眺めてみてください。東北沖地震の余震は日本海溝の直下や、はるか沖合の太平洋プレートの中でも発生しています。本震四〇分後にはM7・5の地震も発生しました。これらの地震は明らかにプレート境界の外に位置し、沈み込む太平洋プレート内部で発生しています。しかも、すべてが正断層型のメカニズムを示していて、プレート境界で発生している逆断層型の地震とは別のタイプの地震です。太平洋プレート内部の活断層による地震ともいえます。これらの地震を「アウターライズ地震」と呼んでいます。

本来、アウターライズ(outer-rise)とは海溝に近い場所で沈み込むプレートが地形的に盛り上がった場所をいいます。このような地形はプレートの沈み込みにともなって海洋プレートが折れ曲がることによって生じるものです。折れ曲がった部分の外側(表層側)では引っ張り力が働き正断層型の地震が発生します。観測された海底地形にも正断層運動にともなうでこぼこの地形(地塁と地溝の繰り返し)が見られます。裏を返せば、そのような線状の断層地形が海底面に認められれば、過去に大きなアウターライズ地震が何度も発生したことがわかります。

アウターライズ地震は世界各地の沈み込み帯で発生しています。ただし、アウターライズ地震はいつでも起こるというわけではありません。発生する期間が限定される特徴があります。アウターライズ地震のほとんどが、付近で発生したプレート境界地震の発生後に起こっています。なぜでしょうか。アウターライズ地震の多くは沈み込む海洋プレートが引き延ばされることによって発生する正断層型の地震です。すなわちプレートに引っ張り力が働かなければ誘発されません。プレート境界地震の発生前、すなわちプレート境界が固着している状況では、海洋プレートは陸側のプレートを押しています。この状態では海洋プレートの折れ曲がりだけでは十分な引っ張り力がありません。ところが、今回のような巨大なプレート境界地震が発生すると、沈み込んだ海洋プレート部分が大きく陸側に移動します。そのため、海溝直下の海洋プレート内に突然大きな引っ張り力が発生します（図16）。これによって、正断層型の地震が起きやすくなります。そのため、大規模なアウターライズ地震は巨大地震とペアで発生することが多くなります。

プレート境界地震とアウターライズ地震の双子地震として有名な例が、二〇〇六年一一月と二〇〇七年一月に千島列島沖で発生した二つのM8地震です。最初にM8・3のプレート境界地震が発生し、二ヵ月後にその沖合でM8・1のアウターライズ地震が発生しました。また、過去に三陸海岸をおそった一八九六年明治三陸地震（M8・2〜8・5）と一九三三年昭和三陸地震（M8・1）も同様なペア（前者がプレート境界、後者がアウターライズ）とみられています。この場合は三七年と間隔が長くなりますが、前述の余効すべりの継続時間などを考えると両者に因果関係がありそうです。さらに昨今の例としては、二〇一二年四月一一日に発生

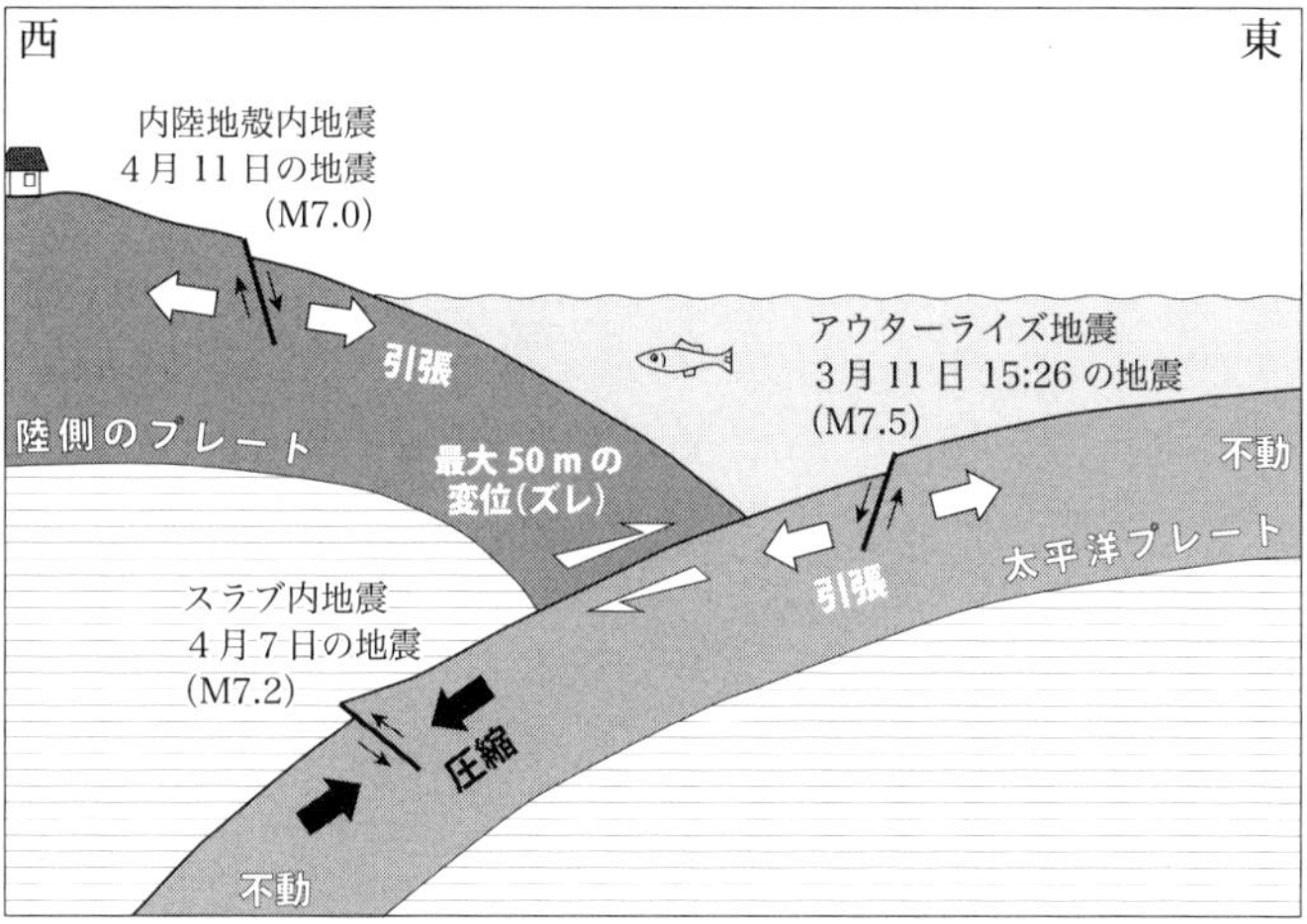

図16　東北沖地震による誘発地震の仕組み(模式図).

したM8・6のスマトラ沖の地震が挙げられます。この地震はスンダ海溝から南西約一〇〇キロメートルの沖合で発生した横ずれ断層型地震で、横ずれ型としては観測史上最大です。横ずれ型とはいえ、海洋プレート内部で発生したアウターライズ地震で、二〇〇四年一二月二六日のM9・1のスマトラ沖地震による影響は明らかです。海溝型超巨大地震から約七年後に発生したことになります。

アウターライズ地震は、揺れが小さいにもかかわらず大津波をともなう可能性があります。その点では、プレート境界地震以上に危険です。一九三三年の昭和三陸地震はまさにそのようなアウターライズ地震の恐ろしさを象徴しています。同地震時の三陸沿岸域の揺れは震度4程度でしたが、三〇分〜一時間の間に最大高二八メートルもの津波が三陸から北海道を襲いました。アウターライズ地震の震源域は海溝軸付近、もしくは、さらに太平洋側に位置します。陸地から距離が離れていることから、地震動はマグニチュードの割には小さくなります。しかし、海底の活断層による地震であるため、M8級ともなると数メートル以上の崖(地震断層)が突然海底に現れます。その海底変動によって津波が誘発されます。地震動が弱く油断したところに大きな津波が来襲するという危険性を秘めています。特に、東北沖地震によって被災した海岸線では、各地で防潮堤が破壊されて無防備な状態が続いています。それに加え、三陸から宮城・福島沿岸域は最大で一・四メートルも海岸線が沈降しています。M8級のアウターライズ地震に備えた津波災害の予防を怠ってはなりません。

一方で、沿岸域での直下型地震にも注意が必要です。直下型地震といっても浅い地震ではなく、震源の深さが五〇キロメートル以上の大地震です。沈み込む太平洋プレート内部で発生する逆断層型の地震で「スラブ内地震」といわれます(図16)。アウターライズ地震が海溝付近で発生するのに対して、このスラブ内地震はある深さまで沈み込んだプレート内で発生するものです。スラブ内地震はアウターライズ地震のように必ずしもプレート境界地震後に発生するものではありません。しかし、東北沖地震後にはスラブ内地震も誘発されやすくなったようです。東北沖地震の約一ヵ月後の四月七日に発生した地震（M7・2、深さ六六キロメートル）がまさにそのスラブ内地震でした。牡鹿半島直下を震源としたため、仙台市などで再び震度6強を観測することになりました。このスラブ内地震の活動を促すメカニズムは、上記アウターライズ地震とは逆です。すなわち、本震によって一気に沈み込んだ太平洋プレートの一部が、先に沈み込んでいる部分を押すことによって圧縮力が働き、逆断層運動を促すという仕組みです（図16）。

内陸誘発地震への継続的な警戒

第1章では、東北沖地震直後に誘発された内陸地震活動の活発化現象を記しました。また、海溝型巨大地震後に内陸大地震が誘発された事例もいくつか紹介しました。今後問題となるのは、これらの誘発地震活動の継続時間と、特定の活断層への影響です。第2章でダーツのたとえで解説したように、地震活動が以前の二倍以上あれば大地震の発生数も二倍以上になると予測されます。本書では詳しく解説しませんが、活断層の動きは断層周辺の小地震によって誘発される場合が多いのです。したがって、活断層自体に作用する応力変化量が小さくても、周辺の地震活動によって「引き金を引かれる」もしくは「着火される」ことになります。その典型が第1章で記した二〇一一年福島県浜通りの地震（M7・0）です。このときには、活発化した周辺の地震活動に刺激されて湯ノ岳断層と井戸沢断層という二つの活断層が動きました。

その意味で、東北地方の活断層ではおおむねクーロン応力が減少しましたが(図5)、完全に安全宣言を出すことはできません。横ずれ断層型や正断層型などの地震を中心に、一部の地域で小・中地震が多発しています。これらが、主要な活断層の動きを刺激しないかどうか今後注意が必要です。また、依然として福島県浜通りから茨城県北部にかけての正断層型の地震活動は活発です。徐々に衰えてはいますが、本来は地震活動が低調な地域だけに、回復に数十年以上かかる計算です。この地域は、井戸沢断層と同様の活断層が複数分布します。また、応力状態の高まった双葉断層が存在します(図5)。双葉断層の活動間隔は一万年程度で、最新活動は二四〇〇〜一八〇〇年前と報告されています。地質データを信頼するならば、現時点では充分な歪みが蓄積されていません。すぐに誘発される可能性は低いといえます。

一方で、関東から中部地方にかけての地域では、警戒すべき地域や断層があります。その筆頭が糸魚川–静岡構造線活断層帯(糸静線)です。糸静線は本州を二分する大地質構造です。複数の活断層から構成され、その全長は一五〇キロメートルに達します。M8超の地震も想定されています。第1章の図5に示したように、中央部の牛伏寺《ごふくじ》断層では、東北沖地震によって最大〇・五バール程度の応力が加わりました。わずか大気圧の半分程度の変化ですが侮れません。東北沖地震後、周辺での地震発生数が増えています。

図17に糸静線中央部の東北沖地震前後の地震活動を図示しました。図17上の累積曲線をみると、東北沖地震後に地震活動が約三倍になったことがわかります。二〇一二年九月現在もまだその衰えは弱く、直ぐにもとの状態に戻る様子はありません。震央分布図をみると、応力の高まった牛伏寺断層周辺で地震が多いことがわかります。そのうち、二〇一一年六月三〇日には同断層のわずか三キロメートル西でM5・4の地震が発生し、松本市で震度5強が観測されました。この地震で一名が亡くなり一七名の負傷者がでました。松本城の内壁にひびが入るなどの被害も記録されています。牛伏寺断層の活動間隔は約一〇〇〇年で、最後の大地震からすでに一二〇〇年経過しています。そのため、三〇年確率で一四%というきわめて高い地震確率が公表されています。理論上は、東北沖地震による応力増加にともなって、さらに確率値が上昇しています。今後最も警戒すべき活断層です。

また、糸静線と同じように北西-南東走向の中部地方の活断層にも注意が必要です。境峠・神谷断層帯や阿寺断層帯などでも東北沖地震によって〇・一〜〇・三バール程度応力が加わり、周囲の地震活動も活発化しています。

なお、政府の地震調査研究推進本部は牛伏寺断層周辺での地震を受けて、二〇一一年七月に地震発生確率が高まった活断層リストを公表しました。本書と同様のクーロン応力の計算

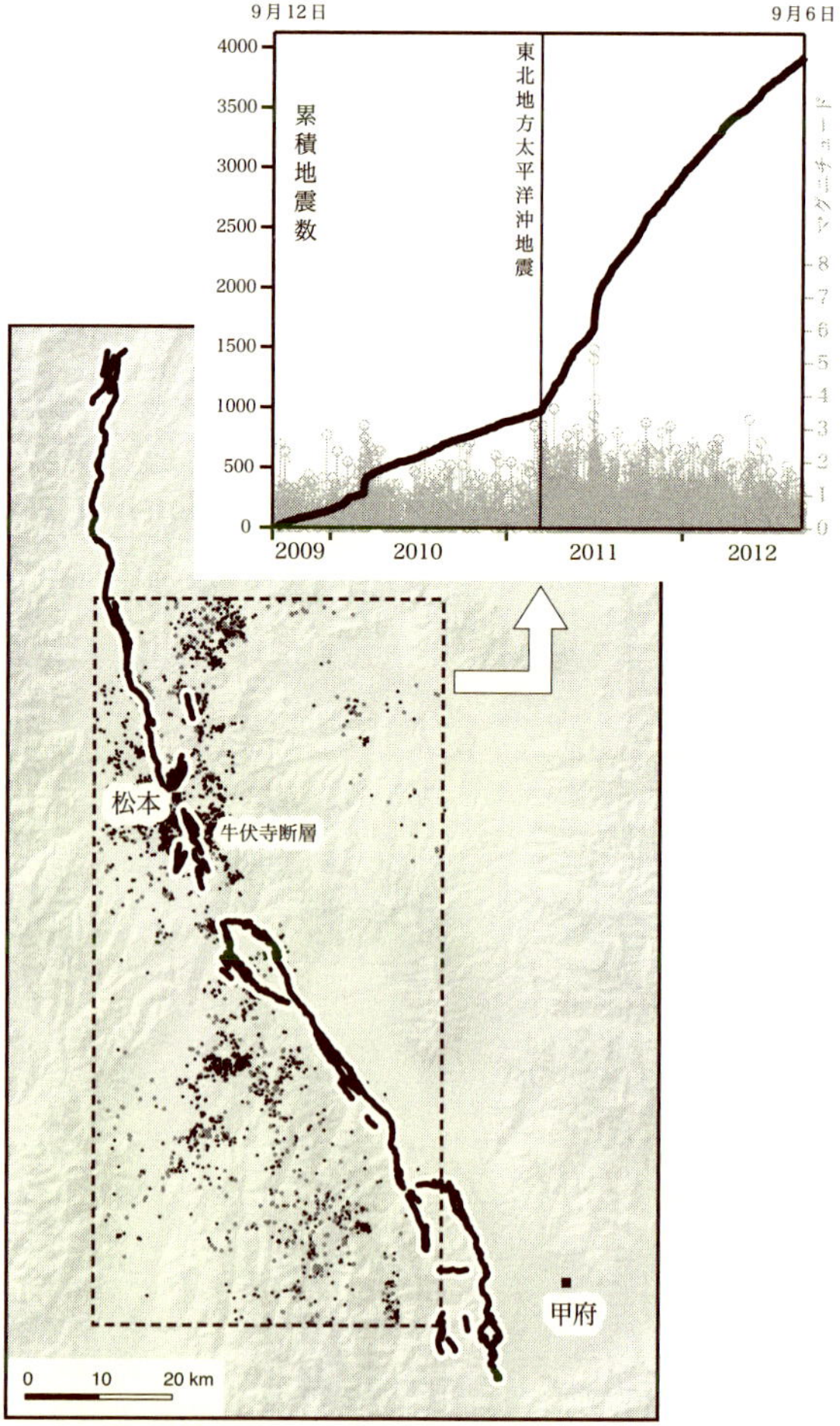

図 17　糸魚川-静岡構造線活断層帯の分布と東北沖地震による地震活動の活発化.

に基づくものです。それによると首都圏の三浦半島断層群や立川断層も危険度が増した断層とされています。しかし、双葉断層や糸静線、阿寺断層帯などと異なり、この二つの断層周辺では今のところ目立った地震活動はありません。主要活断層の応力変化だけではなく、小断層の応力変化に対する鋭敏性(微小地震活動)まで検討する必要があると私は考えます。

5 首都圏の地震危険度

四年で七〇%の衝撃と首都圏の地震発生確率

地震学者も驚くような衝撃的な記事が読売新聞の二〇一二年一月二三日付一面を飾りました。「首都直下型四年以内七〇%」というものです。これは東京大学地震研究所が東北地方太平洋沖地震によって高まった首都圏の地震活動を解析した結果です。三〇年以内に七〇%程度とする政府の地震調査研究推進本部の評価を大きく上回るものでした。この「四年以内」という短期予想が切迫性を強調しています。そのため、首都圏では連日この報道でもちきりだったようです(関西圏ではそれほど騒ぎになりませんでした)。

大地震の確率はどのようにはじき出されるものでしょうか。実は地震確率の計算には大きくわけて二つの考え方があります。一つは「大地震はこのくらいの頻度で発生する」という平均像を用いるもの。これは、第2章で解説したＧＲ則による求め方そのものです。もう一つは、「大地震の繰り返しの間隔が推定できるので、最後に起こった地震からの経過時間によって次の地震の切迫度が決まる」というものです。前者はポアソン過程にもとづく発生確率(以下単に、ポアソン確率と呼びます)、後者は条件付き確率と呼ばれています。

ポアソン確率は交通事故などの発生頻度を説明する際にも使われます。一方で、条件付き確率は、断層周辺に歪みが徐々に蓄積されていく状況が暗に仮定されています。すなわち、条件付き確率では、最後の地震からの時間経過が長いほど次の地震の確率が高くなります。ポアソン確率では時間によらず確率値はいつも同じです。したがって、条件付き確率の方が現実的で信頼度も高いはずですが、(1)地震の繰り返しの平均間隔、(2)そのばらつき具合、(3)最後の地震からの経過時間、の三要素をあらかじめ特定しておかなければなりません。

例えば、宮城県沖地震の確率は今後三〇年間で九九%といわれていましたが、これは条件付き確率でした。一七九三年(M8・2)、一八三五年(M7・3)、一八六一年(M7・4)、一八九七年(M7・4)、一九三六年(M7・4)、一九七八年(M7・4)で、ほぼ同じプレート境界部分(厳密には違う)で大地震が繰り返し発生してきたとの解釈によります。この場合、平均の繰り返し間隔は三七年、最後の一九七八年の宮城県沖地震から二〇一〇年時点で三二年が経過していました。そのような条件で計算されたものでした。二〇一〇年の段階で、貯金で言えばすでに「満期」に近かったわけです。三〇年も待てば、ほぼ確実に大地震が発生すると考えられていました。

一方で、前出の地震調査研究推進本部（推本）の首都圏の三〇年確率七〇%、東大地震研の四年確率七〇%はともにポアソン確率によるものです。すなわち、地震活動のおおよその平均像から計算した数値です。宮城県沖地震の場合と違って、地震発生のメカニズムや断層の詳しい活動史（繰り返し間隔）から割り出されたものではありません。この違いを国民の多くが理解できていないと察します。推本の確率値は、明治時代以降に首都圏直下を震源とするM6・7以上の被害地震数をもとに計算されたものです。首都圏では一八八五年以降にM6・7以上の地震が五個発生しています。平均的には二四年に一個です。これを簡単な式で確率に変換しただけのものです。残念ながら、地震発生のしくみや断層運動の繰り返しは考慮されていません。この「二四年」は、特定の断層やプレート境界がこの間隔で活動したものではありません。東大地震研の数字は第2章で解説した二つの統計則を組み合わせて計算された値です。すなわち、東北沖地震によって誘発されている小中地震の数と割合、その衰えを勘案し、今後四年間に予測されるM7程度以上の地震数を求め、それを確率に変換したものです。

以上のように、公表された地震発生確率を受け止める際は、決して数字に踊らされてはいけません。冷静にレポートを読み進め、どのようなデータと手法をもとに確率値が計算されたのか、それを確かめることが重要なのです。

東京に被害を与えたこれまでの大地震

一八八五年以降、首都圏ではM6・7以上の直下型地震が五個発生したと述べました。しかし、何と言っても東京に甚大な被害をもたらしたのは「関東大震災」として知られる一九二三年九月一日の大正関東地震(M7・9)です。名古屋大学減災連携研究センターの武村雅之さん(『関東大震災——大東京圏の揺れを知る』鹿島出版会)によると、この地震で約一〇万五〇〇〇人が死亡したと見積もられています。この数字は地震直後に発生した火災の影響が大きいのですが、小田原から鎌倉にかけての相模平野や南房総などでは震度7の激震に見舞われました。兵庫県南部地震時の約一〇倍の範囲が激震に襲われたとされています。この地震は三浦半島と房総半島沖合の相模トラフを震源としたプレート境界地震です(トラフとは溝状の海底地形)。南から本州に向かって沈み込むフィリピン海プレートとユーラシアプレートの境界で発生したものです。震源断層の長さは一三〇キロメートル、幅は七〇キロメートル、平均のずれ量は二・一メートルと推定されています。この地震で、三浦半島南端で一・二メートル、房総半島南端で一・六メートル地面が隆起し、熱海から三浦半島、房総半島を数メートルもの津波が襲いました。

実は、この大正関東地震の約二〇〇年前にも相模トラフ沿いで巨大地震が発生していました。一七〇三年の元禄地震です。この地震は大正関東地震の一サイクル前の地震とみなされています。しかし、強震動域や津波、地盤隆起などから、規模は大正関東地震を大きく上回るM8・2と推定されています。この地震では、小田原付近から三浦半島沖合までは大正関東地震と同じ断層（プレート境界面）が動きました。しかし、房総半島沖合では大正関東地震よりも広い範囲で大きくずれ動いたと解釈されています。小田原城下から川崎にかけての町々が全滅し、江戸の被害も大きく、房総や伊豆諸島では一〇メートルを超える津波が押し寄せました。死者は一万人を超えたと記録されています。当時の人口を考えると凄まじい被害です。

江戸開幕以降のもう一つの大きな被害地震が、一八五五年の安政江戸地震です。これは江戸に甚大な被害をもたらした唯一の直下型地震です。その地震規模は研究者によって幅があり、M6・9〜M7・3と見積もられています。震央は現在の浦安市から千葉市付近と推定され、江戸を中心に死者数七〇〇〇人を下らないとされています。当時の歌舞伎役者の手記には、「最初の小さな揺れが始まった後に立ち騒ぐ人々を鎮め、ゆっくりと立って歩き始めたところ足を取られるほどの大きな揺れが来た」と記録されています。すなわち、主要動（S波）到着までに数秒以上の時間があったことがわかります。P波到着後S波到着までの時間を初期微動継続時間といいますが、この時間（秒）をおよそ八倍して単位をキロメートルにすると、震源までの距離となります。したがって、仮に江戸直下に震源を置くと、震源の深さは第3章に記した活断層による直下型地震ではなく、四〇〜八〇キロメートル程度の深さだったことが推定できます。

首都圏の理解困難な地震発生のしくみ

首都圏はこれらの被害地震だけではなく、普段から頻繁に揺れを感じる地域です。筆者も一八年間千葉県に住んでいましたが、二〜三週間に一回程度は揺れを体感していたと思います。年に一〜二度程度しか揺れを感じない関西圏とは大きな違いです。なぜこれほど地震が頻発するのでしょうか。その理由を一言でいえば、複数のプレートがせめぎ合いながら関東平野直下に沈み込んでいるためといえます。

地球科学では「三重会合点」という専門用語をよく使います。三重会合点は、三枚のプレートが接する地点のことです。そのような三重会合点は地球上一〇ヵ所程度しかありません。そのうちの一つが東京の南東約三〇〇キロメートルの海底に位置します（図18）。一般に、三重会合点は地質学的時間スケール（数十万〜数千万年）では一ヵ所にとどまらず移動します。そのため、不安定なプレート境界として知られ、さまざまな地質学的「事件」や「変動」を

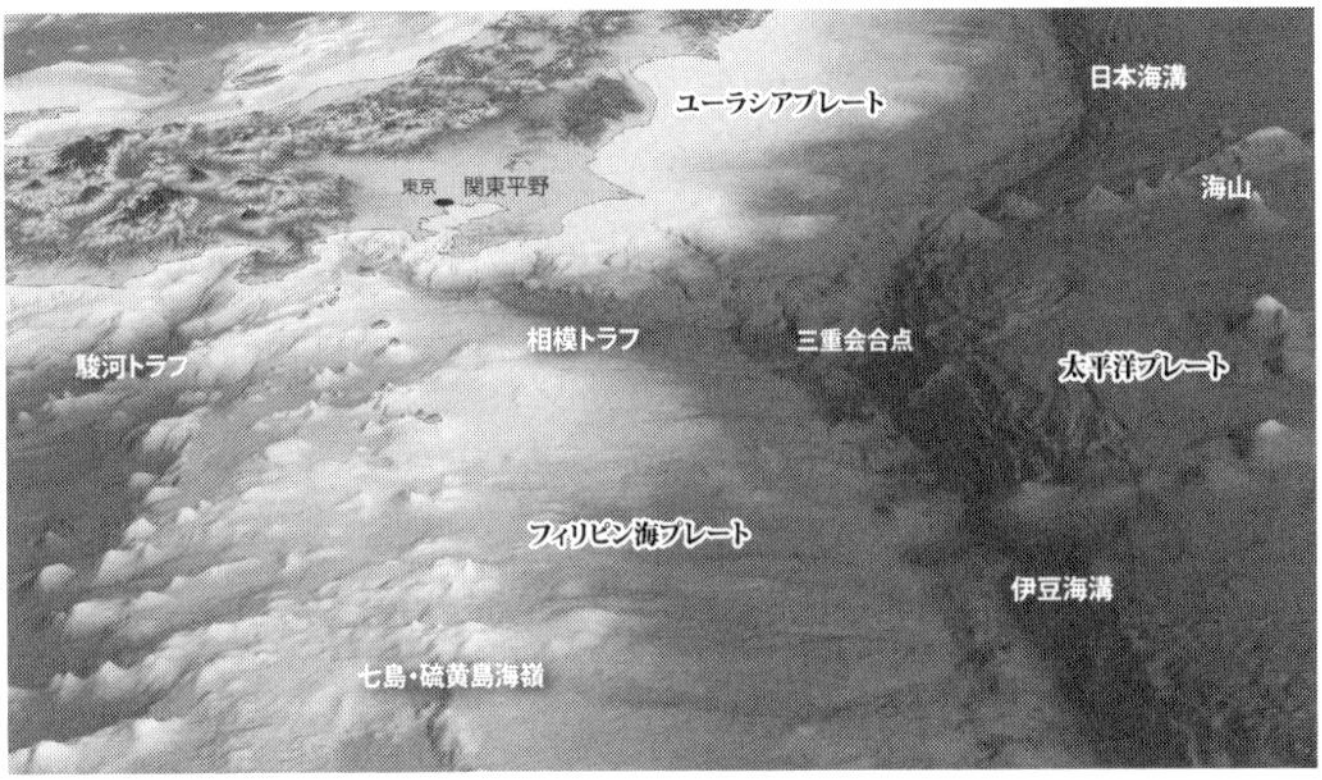

図 18　三重会合点周辺の海底地形.

もたらします。関東の場合は、南から伊豆–小笠原諸島をのせたフィリピン海プレートが年間三センチメートルの速度で北上し、太平洋プレートが西北西に年間約八センチメートルの速度で近づいてきます。前者が爪の伸びる速度、後者が髪の伸びる速度と想像してください(ともにゆっくり伸びますが、放置すると大変な長さになりますよね)。これらの二枚のプレートが関東平野をのせたユーラシアプレートの下に沈み込んでいます。地震の大半はプレートどうしが擦れ合う「プレート境界」部分とその近傍で発生します。そのため、三枚のプレートが重なり合う関東地方では他の地域に比べて地震活動が活発になります。しかも、そのようなプレート境界部分が深さ一〇〇キロメートルくらいまで延びています。そのため、震源の深さも幅広くなるのが特徴です。

三重会合点で出会う三枚のプレートは、地表では位置や動きを観測できますが、地下深部ではその行方を把握するのに苦労します。このことが多発する地震発生のしくみを理解できない理由です。地下でプレートが重なり合う位置が関東平野直下数十キロメートルにあり、観測データを直接得にくいのです。繰り返しますが、前述の推進本部発表の三〇年以内七〇％という確率値も、そのような状況を反映しています。地震の発生メカニズムや特定の断層による地震の繰り返しがわからないのです。

関東直下の複雑なプレート構造、この議論が盛り上がったのは一九八〇年代です。欧米で確立されたプレートテクトニクス理論が本格輸入された直後です（プレートテクトニクス理論に関しては他の書籍を参照してください）。そのころ、関東のプレート構造モデルが多数提案されました。モデルは百花繚乱で、中にはプレートが上下さかさまに反転して曲げられるなど非常にユニークなものもありました。しかし、その後、防災科学技術研究所の石田瑞穂さん（現、海洋研究開発機構）が一九九二年に提唱したモデル（以下、石田モデル）が広く研究者間に浸透しました（図19上）。教科書や一般書などにはこの石田モデルが取り上げられています。しかし、この石田モデルによって多様な地震発生場や火山活動、地形の形成など、すべての地学現象が説明できたわけではありません。

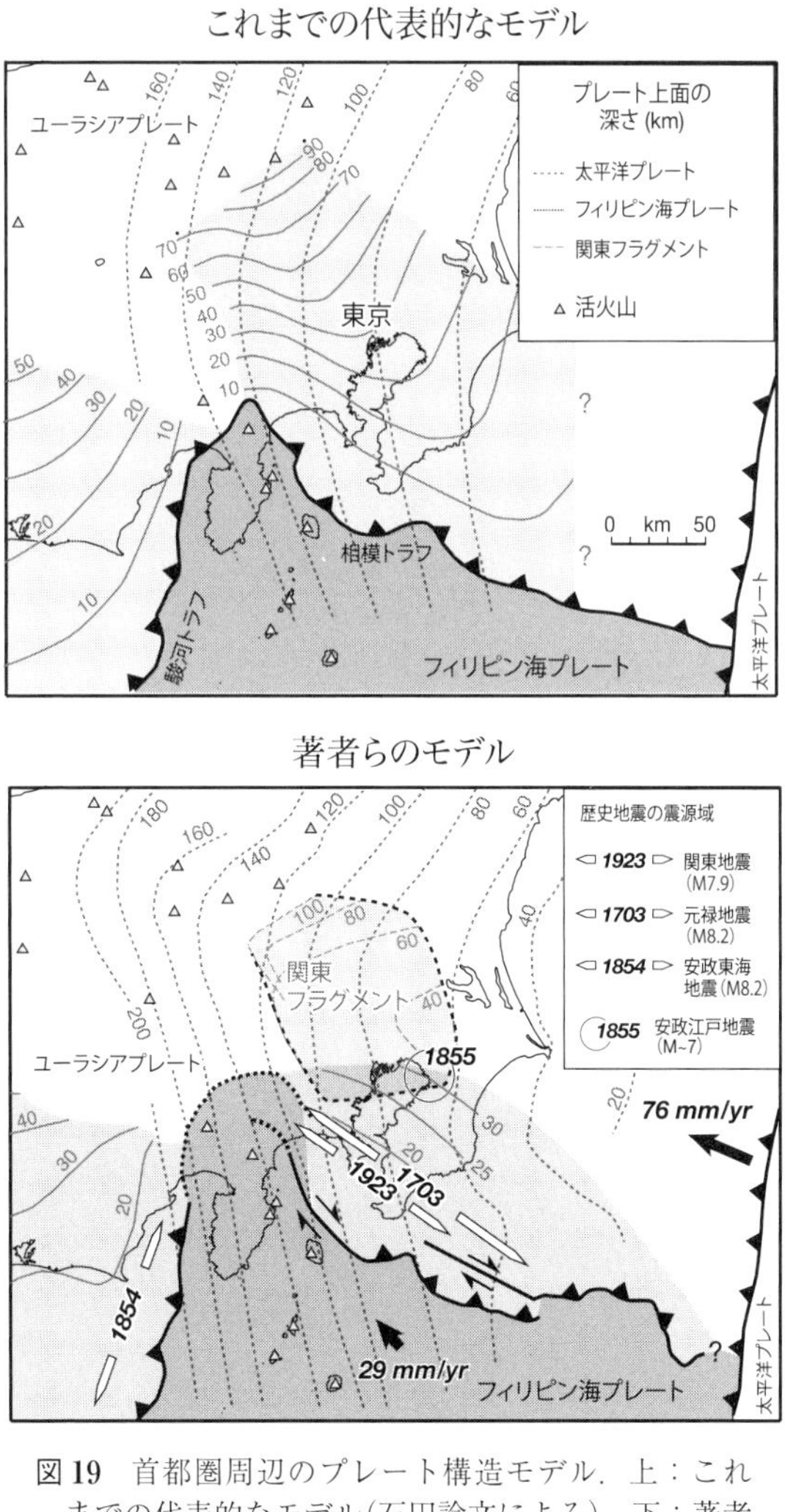

図 19　首都圏周辺のプレート構造モデル．上：これまでの代表的なモデル(石田論文による)．下：著者らが提唱した新しいモデル．

関東フラグメント仮説

私たちは、そのような関東直下のプレート構造の解明に取り組んできました。きっかけは、米国地質調査所のロス・スタイン博士らと始めた首都圏地震危険度評価プロジェクトです。世界第二位の再保険会社であるスイス再保険会社（Swiss Re）の研究費のバックアップも受けました。米国の同僚と最初に行ったことは、過去約二五年間の約三〇万個の地震分布を三次元的に視覚化することでした。意外なことですが、当時（二〇〇五年）は震源分布の本格的な三次元表示が行われていませんでした。そのため、複雑な地震分布を断面図や平面図で表示していました。この三次元分布の把握と同時に、個々の地震の断層運動のタイプ、歪場なども解析しました。また、地震波の伝わる速度の違いも三次元的に視覚化しました。一般に地震波速度は、密度が高い岩盤ほど速く、マグマや蛇紋岩など密度が低い岩盤ほど遅くなる傾向があります。この傾向を利用して、地震波速度の違いで内部物質の違いを推定します。これはCTスキャンで頭部などを透視する原理と同じで、地震学の場合「地震波トモグラフィー」といいます。

これらの解析の結果、関東平野直下に厚さ二五キロメートル、幅一〇〇キロメートルの隠された小さなプレートが見つかりました（図19下）。この小プレートは深さ三〇〜一〇〇キロメートルに横たわっています。ただし、「見つかった」といっても簡単に実証できないので、あくまでも推定です。この小さなプレートは、石田モデルではフィリピン海プレートの先端であると解釈されてきたものです。しかし、地震波が速く伝わることや、微小地震の分布、地震のタイプ、周辺の応力場などから、フィリピン海プレートではなく太平洋プレートと同じ性質を持つことが判明しました。ただし、太平洋プレートからは完全に分離されていて、太平洋プレートの上に乗りあげています。私たちはこの小プレートを太平洋プレートの破片と解釈しました。関東平野直下に横たわっていることから「関東フラグメント」と名付けました。フラグメント(fragment)とは破片、断片を意味する英語です。プレートの過去の動きを復元した結果、約二〇〇万年〜三〇〇万年前に巨大な海底山脈が銚子沖で沈み込もうとしたことによって太平洋プレートの上部が破断し、それが地下に取り残されたものであることがわかりました。現在、関東フラグメントはフィリピン海プレートと太平洋プレートに挟み込まれるように分布しています。

私たちは、この関東フラグメントが首都圏直下の地震発生に大きく影響していると考えています。関東平野の有感地震の大半は特定の地震群を形成します。「地震の巣」ともいうべき特定の場所から生じています。その地震の巣がさらに複数集まって地震発生帯をつくり、それは筑波山直下から千葉市にかけて南北に分布します。深さは三〇〜八〇キロメートルく

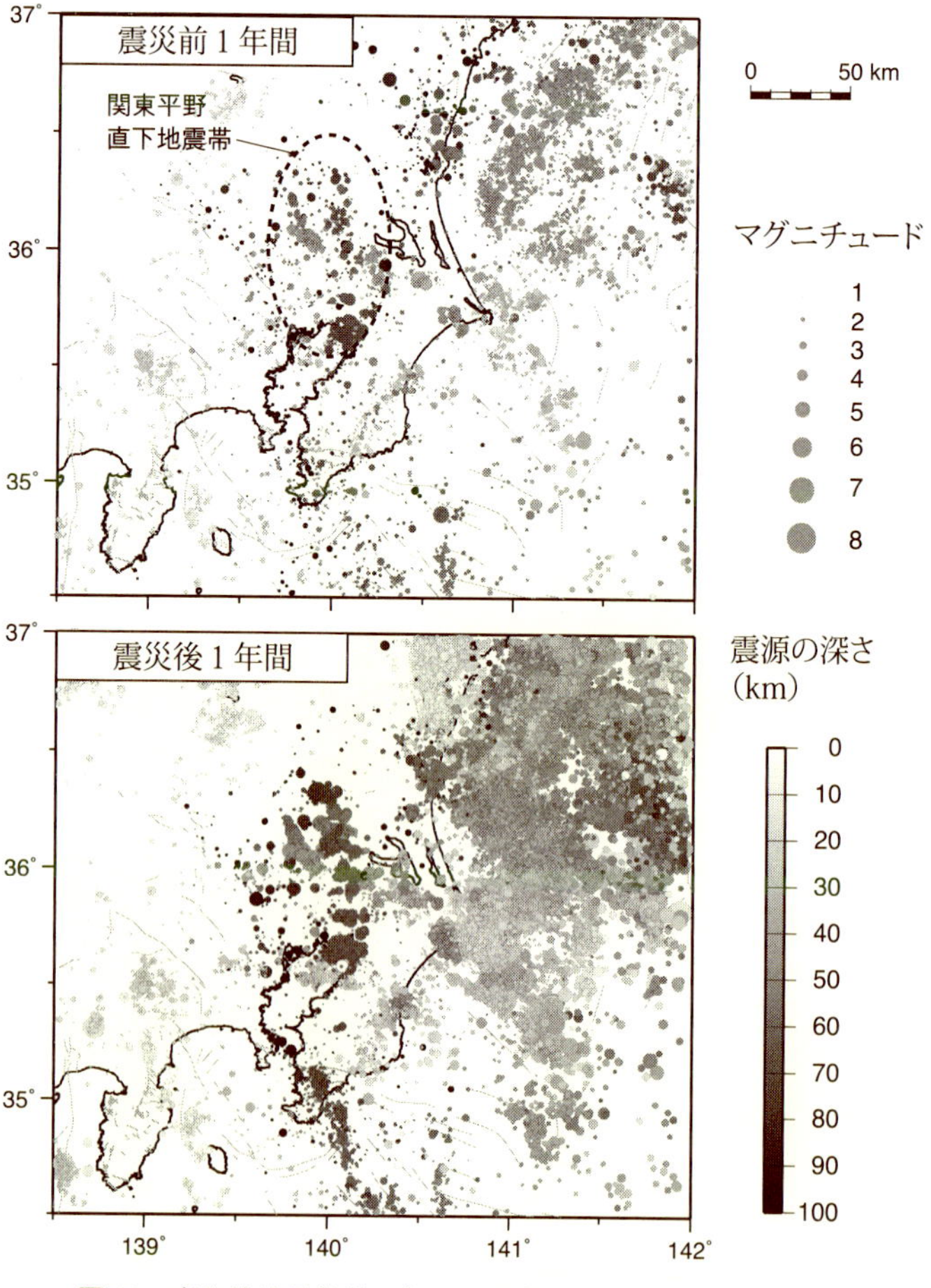

図 20　東北沖地震前後１年間の関東地方の地震活動の変化.

らいに集中します。これを「関東平野直下地震帯」と呼んでいます(図20)。前述の一八五五年安政江戸地震も関東平野直下地震帯の南端で発生したと考えられています。最近では、ほぼ同じ場所で二〇〇五年七月二三日にM6・0の地震が発生し、東京都足立区で震度5強を記録しました。

火山や活断層の分布、関東平野と関東フラグメント

この新しいプレートモデルを用いると深い地震の発生場だけではなく、火山や活断層の分布も合理的に説明できます。

関東北西部では、火山は東北奥羽山脈から南下する火山列(「火山フロント」という)が関東平野を取り巻くように分布します。つまり、赤城山・榛名山・浅間山をとおり八ヶ岳・富士山へと「く」の字を描いて並んでいます。従来の石田モデルでは、この曲がった火山フロントを説明するために、複雑なマグマ発生過程を考えなければなりませんでした。通常、マグマは沈み込む太平洋プレートが深さ約一二〇〜一五〇キロメートルに達した時点で発生し、その直上に火山を形成します。石田モデルの場合、「く」の字の火山分布と太平洋プレートの等深度線が斜交していますが、私たちの新しいモデルでは太平洋プレートの屈曲と整合します(図19下)。さらに、八ヶ岳や富士山の火山活動を説明するためには、太平洋プレートス

ラブ深部から地表まで障害物なしにマグマを浮上させる必要があります。石田モデルではフィリピン海プレートがマグマ上昇の邪魔をしていました。そのため、マグマ通路を確保するためにフィリピン海プレートを引き裂く必要がありました。しかし、私たちのモデルでは、太平洋プレート上面約一二〇～一五〇キロメートルの深さからマグマが素直に上昇すればよいだけです。

活断層の分布はどうでしょうか。第3章では、地震発生層がある程度薄く、強度が弱い地域に活断層が集中することを説明しました。火山の周辺は地下が暖められており、脆性破壊を起こす層が薄い。逆に火山から遠くなると、脆性破壊を起こす層が厚くなり、簡単に地殻が割れなくなります。関東東部では、冷たい海洋型の二枚のプレート(関東フラグメントと太平洋プレート)が二重に沈み込んでいて、地震発生層が厚いのです。そのため、強度が高く活断層が生じにくいといえます。千葉県や茨城県内に大きな活断層が見つかっていない事実と整合します。

なお、関東フラグメントの地表への投影位置は関東平野の形ときわめて良く似ています。上記の火山分布による地形的制限もありますが、関東フラグメントの発生過程とその密度・温度構造が大局的な地形発達にも影響を与えてきた可能性があります。

プレート境界地震が直下で起きる首都圏

プレート境界地震は、日本では海洋プレートが陸側のプレートの下に沈み込む地域で発生します。すなわち、海溝やトラフ周辺の海域で発生します。これが単に「海溝型地震」ともいわれる理由です（厳密には、第4章で取り上げたように、海溝型地震にはスラブ内地震やアウターライズ地震なども含まれます）。東北地方太平洋沖地震、東海・東南海・南海地震の南海トラフ沿いの地震、日向灘沖地震などは、すべて海溝型地震です。これらの地震の震源域は一部陸域に重なりますが、大部分は海域です。しかし、首都圏で発生するプレート境界地震は必ずしも海溝型地震を意味しません。プレート境界地震が陸域直下で発生することもあります。すなわち、「プレート境界地震＝直下型地震」となる場合もあります。その点が首都圏特有です。安政江戸地震がその典型です。

また、「千葉県北東部」「千葉県北西部」「茨城県南部」「東京湾」を震源とする地震が頻発する理由は、地表で確認できる三枚のプレートに加え、関東フラグメントが一枚余計に挟まっていることが理由だと考えています。

ここで紹介した私たちのプレートモデルも一仮説に過ぎません。複雑系を扱う地球科学では、モデルの検証はきわめて難しいのです。ただし、このモデルは、従来複雑な説明を要した現象を比較的容易に説明できます。地震発生のしくみ解明へ一歩前進だと考えています。

東北沖地震によって高まった首都直下の地震発生確率

ここで話をもとに戻しましょう。本書は地震の連鎖がテーマでした。

東京大学地震研究所が発表した「首都直下型四年以内七〇％」をどのように理解すればよいのでしょうか。東北沖地震によって、首都を襲う地震の切迫性が高くなったのは本当でしょうか。まずは、首都圏における震災前後の地震活動を比較してみようと思います。

図20は震災前と後、それぞれ一年間の地震の分布です。最初に目につくのは、震災後の福島県沖、茨城県沖、銚子沖の地震活動の活発化です。福島県沖については狭義の余震活動、茨城県沖については本震約三〇分後に起こったM7・6の最大余震の余震活動も含まれます。銚子沖に関しては震源周辺で発生している誘発地震です。二〇キロメートルよりも浅い地震活動としては、福島・茨城県境付近と銚子付近の活動が目立ちます。これらは地殻が東西に引っ張られたことによる正断層型地震です（第1章参照）。日光周辺や箱根、伊豆半島、伊豆大島付近でも震災以前より地震活動が活発になっていることがわかります。肝心の首都直下についてですが、前述の関東平野直下地震帯で顕著に地震数が増え、M5以上の中規模地震も複数発生しています。

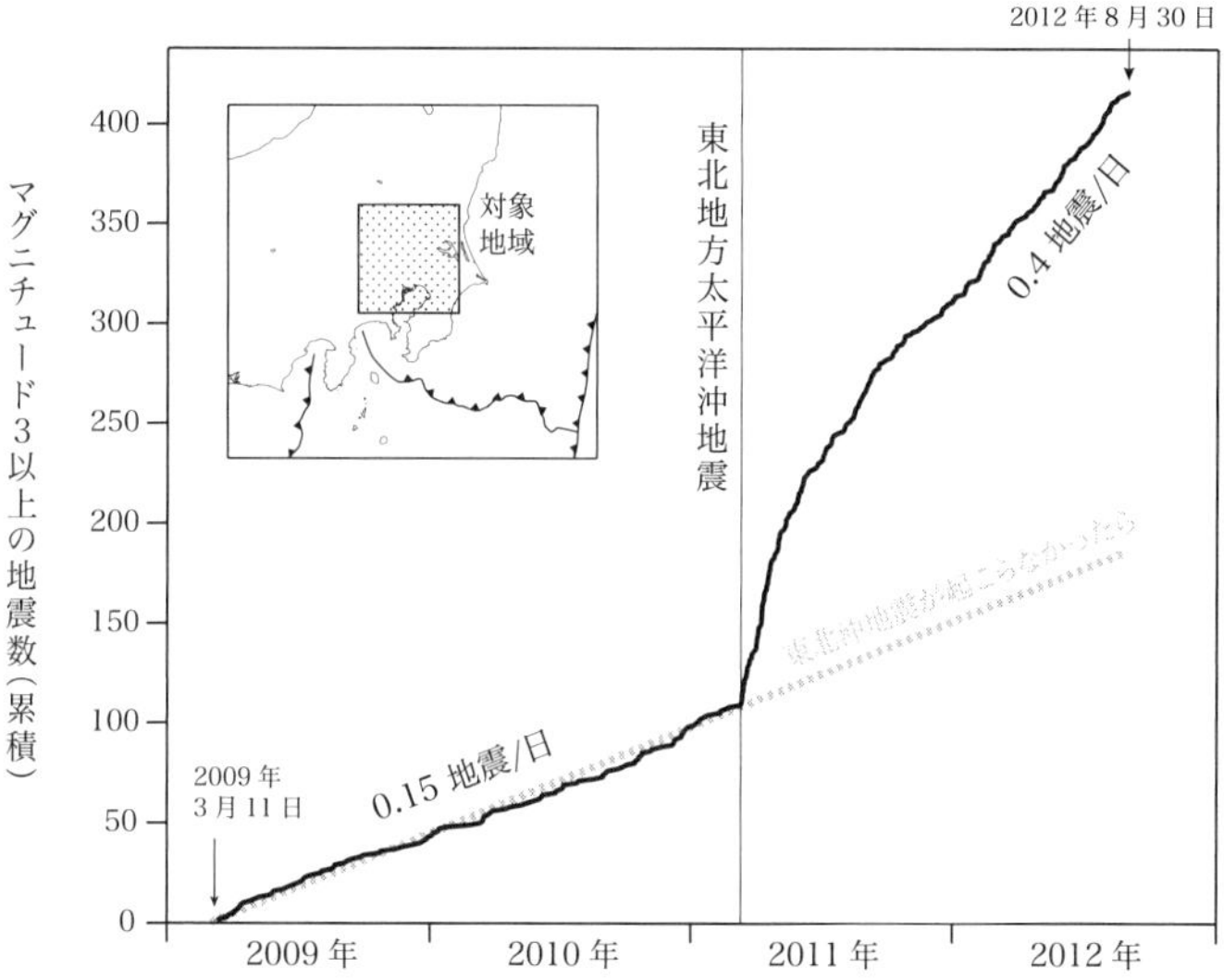

図21　東北沖地震による首都直下の地震活動の変化．本震2年前の2009年3月11日からの累積曲線を示す．東北沖地震直後から首都直下の地震が増え，その後も高い状態が続いている．

この関東平野直下地震帯に着目してみましょう。どのように活動が推移しているかを調べるために、横軸に時間、縦軸に震災二年前(二〇〇九年三月一一日)からの地震の積算を示しました(図21)。東北沖地震直後には小さな地震が記録されていない可能性が高いので、M3以上の地震のみを数えました。震災前二年間は、ほぼ一定の割合で地震が発生しています。一日あたり平均〇・一五個です。これは一週間に一度のペースです。グラフでは緩い右上がりの直線として表現されています。ところが、東北沖地震直後にグラフの傾きが突然急になりました。地震活動が著しく活発化したことがわかります。例えば直後一ヵ月間は一日平均二・三個ですから、約一五倍も活発になりました。その後は徐々に傾きを減じていますが、二〇一二年八月の段階でもまだ一日あたり〇・四個の地震です。震災以前の二倍以上の活動を保持しています。

このような地震活動の変化はどのようなメカニズムで説明できるのでしょうか。また、今回の活発化は震災直後に予測可能だったのでしょうか。図22左上には首都直下で震災前一三年間に発生していた地震のメカニズム(専門用語で、「発震機構」という)を表わしています。おおむねM3・5以上の地震です。ビーチボールのパターンはメカニズムの違いを示していま す(第1章図4参照)。これらは地下に潜む小さな断層のタイプを代表しています。

図22右上は、東北沖地震によってこれらの断層面にかかるクーロン応力変化(第1章)を計算したものです。実に約八割の断層に正のクーロン応力、すなわち誘発される圧力が加わったことがわかりました(図22下)。その増加量も平均で一バール(一〇〇キロパスカル)に達し、地震活動を誘発するのに十分な量です。なお、このような計算は、本震直後数時間程度で実行可能です。また、摩擦理論を組み込むことによって、どの程度地震数が増えるのかも定量的に計算することができます。その意味では、確率論的予測は今の研究レベルでも、ある程度可能です。

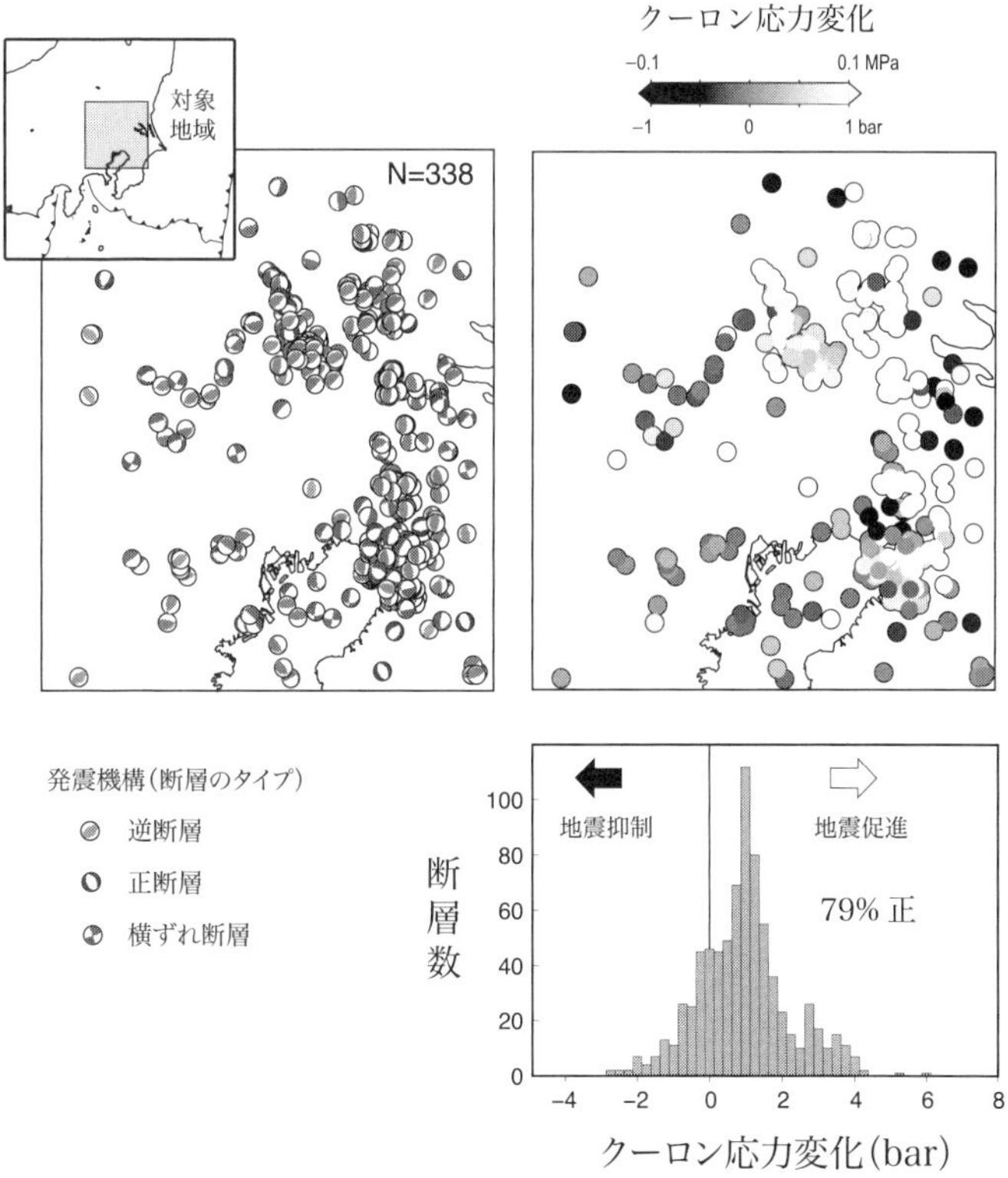

図 22　首都直下の地震活動活発化の理由．左上：首都直下で普段発生している地震の発震機構(断層タイプ)．右上：東北沖地震によってこれらの断層面で変化した応力．下：応力変化量のヒストグラム．約 8 割の断層で応力が増加した．

ところで、第2章で説明したように、余震の大森–宇津公式は広義の余震活動(誘発地震)にも当てはまります。首都直下の誘発地震について、二〇一二年の一月に解析したp値は〇・五でした。通常の余震活動よりもゆっくりですが確実に減衰していました。しかし、その後、積算曲線の傾きは二〇一二年に入って一定を保っており(図21)、減衰傾向が弱まっています。震災以前の地震活動に戻るには、今後数年程度はかかると考えられます。このように、現在(二〇一二年八月時点)も首都直下では通常よりも地震発生数が多いのです。GR則を考慮すると、大地震の確率も震災以前よりも高い状態が続いているといえます。

おわりに——急がばまわれ、わからないことを放置しない

仙台平野では八六九年貞観地震と一六一一年慶長地震による津波で浸水したという歴史記録や地質学的証拠が残されていました。両地震がM９に迫るほど巨大な地震だったという明確な証拠は未だにありません。しかし、津波想定に関しては、東北大学や産業技術総合研究所による地道な研究成果が国の委員会などに反映されようとしていました。

一方で、本格的に検討されることなく放置されていた重要な問題もありました。研究者間でも広くは知られていなかったことです。その問題とは、地質学的に求められた東北地方の東西短縮の速さと測地学的な速さの違いです。後者が一桁〜二桁速いとされてきました。地質学では、年代の判明している地層について褶曲や断層による地層の変形を水平に元に戻して短縮量を求め、地層の年代で割ることによって歪む速さ（短縮速度）を求めます。測地学では一九八〇年代までは三角網による測量、一九九〇年代以降は電子基準点によるＧＰＳ計測をもとに計算します。前者は数十万〜数百万年間、後者は数年〜一〇〇年間という時間スケールの違いがあります。測地学データの方が短縮速度が速いということは、最近になって東

北地方が大きく縮んでいたことを示しています。なお、一九七八年の宮城県沖地震(M7・4)や一九九四年の三陸はるか沖地震(M7・6)など最近の海溝型地震ではこの短縮傾向を止めることができていませんでした。

このように、東北地方内陸の変形の速さに時間スケールでの違いがありました。しかし、問題意識を持つ研究者はごく一部に限られ、明確な説明もありませんでした。その解答が今回の巨大地震によって与えられました。東北地方太平洋沖地震は内陸部を東西短縮から東西引張に変えました。前述したように、佐渡島と牡鹿半島の間は四・八メートルも距離が離れました。震災前には両者は年間三センチメートル近づいていましたから、単純に計算して四八〇センチメートル÷年間三センチメートル＝一六〇年間分の蓄積された歪みが一気に解放されたことになります。実際には余効変動なども考えられるので、もっと長い数百年間の歪みが解放された可能性があります。いずれにしても、これまで測地学的に計測されてきた東西短縮は来たるべきM9への布石だったのです。長い地質学的な時間スケールでみると、M9地震の繰り返しの期間中に起こる内陸地震によって東北地方はゆっくりと東西に短縮していたのでしょう。

長年の疑問が奇しくもこの超巨大地震によって解かれました。一歩違った視点があれば、事前に超巨大地震の存在を指摘することができたかもしれません。

一方で、地面の上下の動き(上下変動)について謎は残ったままです。今回の超巨大地震では八戸~房総半島にかけての太平洋側の広い地域で地面が沈降しました。最大は牡鹿半島の一・四メートルの沈降です。津波被災地域の多くで海岸地形が変わり、海水が引かず、道路のかさ上げなどを余儀なくされました。

ところが、数万年~数十万年といった超長期的な時間スケールでは、地面が明瞭に隆起している地域もあります。今回の津波被災域北部の八戸~宮古の地域と、被災域南部の福島県相馬市~千葉県銚子市の地域です。現在と同様に温暖だった一二~一三万年前(最終間氷期)の海岸線が海岸段丘として三〇~七〇メートルもの高さに分布しています。平均すると一年あたり〇・二~〇・六ミリメートルの速度で隆起してきたことになります。これらの地域では巨大地震で数十センチメートル沈みましたが、地震前もゆっくりと地面が沈降していました。したがって、隆起傾向を維持するためには、海岸線を大きく隆起させる別の巨大地震が必要ということになります。

十勝沖~三陸北部ではM9の歴史地震は知られていません。茨城県沖から房総沖にかけても同様です。しかし、第1章でも記したように、今回の超巨大地震によって隣接するこの二つのプレート境界に応力が伝播しています。今後この上下変動の謎を放置するわけにはいきません。真理を追究することが科学者の使命です。回り道ではありますが、このような素朴な自然現象の解明が多くの方々の命を救うことにも繋がると信じています。

最後に私事になりますが、三年半在籍した京都大学防災研究所を離れ、東北大学災害科学国際研究所に異動しました。同研究所は東日本大震災という未曽有の災害を経験した大学として、自然災害科学に関する英知を結集して被災地の復興・再生に貢献することを目指して二〇一二年四月に新設されました。理科系の研究者だけではなく、文科系の研究者も数多く所属し、自然現象の理解、事前対策、災害発生、緊急対応、復旧・復興プロセスの解明と教訓の一般化を目指します。私自身、本書の脱稿とともに、被災地である仙台での新たな一歩を踏み出すことになりました。震災で犠牲になられた方々のことを想い、初心に返り地震災害の減災に貢献できるよう研究に邁進していくつもりです。

本書で扱ったデータは、防災科学技術研究所、国土地理院、気象庁、アメリカ合衆国地質調査所、産業技術総合研究所の観測によるものです。日々地震や測量観測にたずさわってくださっている技術者・研究者の皆さんに感謝致します。

最後に、本書執筆の機会を与えてくださった岩波書店の吉田宇一さんに御礼申し上げます。

二〇一三年一月

遠田晋次

参考文献

書籍

金折裕司『甦る断層』近未来社、一九九三年。

活断層研究会編『新編日本の活断層――分布図と資料』東京大学出版会、一九九一年。

尾池和夫『日本列島の巨大地震』岩波科学ライブラリー、二〇一一年。

平　朝彦『日本列島の誕生』岩波新書、一九九〇年。

武村雅之『関東大震災――大東京圏の揺れを知る』鹿島出版会、二〇〇三年。

論文

Beroza, G. and H. Kanamori, Comprehensive overview in Treatise on geophysics. In: Schubert, G. (ed.), Earthquake Seismology. Elsevier, Amsterdam, 2007.

長谷川昭、地震波で東北日本の下を見る、科学、七二巻、一九四-二〇三頁、二〇〇二年。

Hu, Y. et al., Three-dimensional viscoelastic finite element model for postseismic deformation of the great 1960 Chile earthquake, Journal of Geophysical Research, 109, B12403, 2004.

Ishida, M., Geometry and relative motion of the Philippine Sea plate and Pacific plate beneath the Kanto-Tokai district, Japan, Journal of Geophysical Research, 97, 489-513, 1992.

野原 壮・郡谷順英・今泉俊文、活断層ＧＩＳデータを用いた地殻の歪速度の推定、活断層研究、一九号、二三―三二頁、二〇〇〇年。

Sagiya, T. et al., Continuous GPS array and present-day crustal deformation of Japan, Pure and applied Geophysics, 157, 2303–2322, 2000.

嶋本利彦、岩石のレオロジーとプレートテクトニクス、科学、五九巻、一七〇―一八一頁、一九八九年。

Suito, H. and J. T. Freymueller, A viscoelastic and afterslip postseismic deformation model for the 1964 Alaska earthquake, Journal of Geophysical Research, 114, B11404, 2009.

Toda, S. et al., A slab fragment wedged under Tokyo and its tectonic and seismic implications, Nature Geoscience, 1, 771–776, 2008.

遠田晋次
1966年宮崎県生まれ．東北大学理学博士．電力中央研究所，東京大学地震研究所，(独)産業技術総合研究所活断層研究センター，京都大学防災研究所を経て，現在，東北大学災害科学国際研究所教授．地質学・地形学と地球物理学の境界領域を開拓しつつ，地震防災に貢献できる研究者をめざしている．

岩波 科学ライブラリー 204
連鎖する大地震

2013年2月6日 第1刷発行
2014年5月15日 第2刷発行

著 者 遠田晋次《とおだしんじ》

発行者 岡本 厚

発行所 株式会社 岩波書店
〒101-8002 東京都千代田区一ツ橋 2-5-5
電話案内 03-5210-4000
http://www.iwanami.co.jp/

印刷・理想社 カバー・半七印刷 製本・中永製本

ISBN 978-4-00-029604-5 Printed in Japan

●岩波科学ライブラリー〈既刊書〉

218 塚﨑朝子
iPS細胞はいつ患者に届くのか
再生医療のフロンティア
本体一二〇〇円
「iPS細胞を治療へ」との期待は膨らむばかり。しかし今、その夢の実現にはどこまで迫れているのか。iPS細胞の臨床研究で世界をリードする網膜や神経をはじめ、心臓や脳そして毛髪まで、再生医療研究の最前線をリポート。

219 足立恒雄
数の発明
本体一二〇〇円
パスカルが「0から4を引けば0」と述べた頃、インドでは負数に負数を掛けると正数となるのは羊飼いでも知っていた。数の捉え方は様々で、数学の定義も単一でない。数概念の発展から数学とは何かという問いへの答えに迫る。

220 松下貢編
キリンの斑《まだら》論争と寺田寅彦
本体一二〇〇円
キリンの斑模様は何かの割れ目と考えられるのではないか。そんな物理学者の論説に、危険な発想と生物学者が反論したことから始まった有名な論争の今日的な意味を問う。論争を主導した寺田の科学者としての先駆性が浮かぶ。

221 齋藤亜矢
ヒトはなぜ絵を描くのか
芸術認知科学への招待
本体一三〇〇円
円と円の組合せで顔を描くヒトの子ども vs それができないチンパンジー。DNAの違いわずか1.2%の両者の比較から面白い発見が！ ヒトとは何か？ 想像と創造をキーワードに芸術と科学から迫る。〔資料図満載、カラー口絵1丁〕

222 瀬山士郎
数学 想像力の科学
本体一二〇〇円
1、2、3、…という数が実在するわけではない。ある具象物に対して、数というラベルを付けることで、全体の量や相互の関係を類推し、未知なるものの形や性質を議論できる。そうして数学のリアリティが生まれてくる。

定価は表示価格に消費税が加算されます。二〇一四年四月現在